U0058269

用科學方式
瞭解糕點的為什麼
實｜作｜篇

以配方實戰演練Q&A，
獲得美味大幅提升的必學訣竅！

津田陽子 著

大境文化

目錄

鬆綿柔軟的
蛋糕卷

極度地減少粉類，
利用「雞蛋的力道」呈現出
鬆綿柔軟的口感。

有著雞蛋濃郁香氣的舒芙蕾蛋糕，捲入醇濃的甘那許鮮奶油，
呈現絕妙的平衡風味，再添上華麗的箭羽圖紋。

令人聯想到綠色絲絨般具光澤的材料，是仔細打發後的成品，
再塗抹上紅豆餡就是一道令人欣喜的變化款蛋糕卷。

鬆軟地完成烘烤，一出爐就散發出奶油的香氣，
令人不由自主地想要大塊朵頤。

潤澤滑順的
蛋糕

潤澤滑順的麵糊技巧訣竅，
就在於奶油的變化。

含羞草蛋糕　　12

閃耀著金黃色的蛋糕體，令人驚異的潤澤口感。
即使是大量的奶油也不會膩的秘密，
就在於材料的連結方式。

巧克力大理石蛋糕　　13

簡單的蛋糕中帶著充滿童趣的巧克力圖紋。
一旦分切後，會呈現出什麼圖案，充滿驚喜的樂趣。

鹽味焦糖卡特卡磅蛋糕　　14

風味且香氣十足的磅蛋糕，在表面糖霜與鹽的提味之下，
不可思議地甜度剛剛好。

蘭姆葡萄乾瑪德蕾　　15

與可愛的形狀不太相稱地，鬆軟中帶著蘭姆酒香，成熟風味的
瑪德蕾，充滿著融化奶油的香氣。

酥鬆爽脆
的塔

確實地烘烤完成，
就是重點。

鄉村蘋果塔　　16

鬆脆香酥的碎頂（crumble）就是風味所在。
咬下的瞬間，肉桂淡淡的香氣和蘋果的酸味洶湧而至。

老奶奶塔　　16

有著華麗的乾燥水果和堅果裝飾。
塔、奶油餡和豐盛的配料，共譜出合諧的三重奏。

* 使用的計量單位，1大匙＝15ml、1小匙＝5ml。
* 奶油、發酵奶油都是使用無鹽奶油（不添加鹽）、雞蛋
使用的是L尺寸約65g左右。
* 烤箱以指定溫度預熱備用。標示溫度與烘烤完成的時
間，會因烤箱機種而略有不同，因此請以此作為參考。

前言

　　製作糕點，會影響成品的因素，包括時間點的掌握及細節上的訣竅。截至目前為止，所有的食譜書都會加以詳述配方，但箇中「科學的為什麼」就不一定說得清楚。以我多年製作糕點的經驗，深切地感受到超越食譜配方的製作重點，其實都具有一定的法則且有機可循。希望將這些經驗轉化為"用科學方式瞭解糕點製作的為什麼"，在此書中向大家分享。製作糕點，可歸類分為「科學」和「化學」，因此原文書名以平假名「かがく」的同音字來表達。只要瞭解糕點製作中「科學」和「化學」的為什麼，就如同抓住了重點，任誰都能製作出屬於自己的完美食譜。提高糕點製作的趣味，用特殊的美味讓品嚐到的人笑顏逐開，製作出宇宙第一的「幸福糕點」吧。

　　並且請相信"進化的自己"。相較於昨天，今天能製作出更好的作品！留意昨天製作的成品狀態並從中學習，今天活用昨天的經驗，一定能夠製作出更優異美味的成品。完成後，如果尚未達到完美呈現，也請務必思考「為什麼?」，再多下工夫琢磨。沒有挫折和失敗就不會進步，從中獲取更多的技巧。本書中，向大家介紹遇到這些瓶頸時的提示，並由此找到科學的理由及解決之道。

有意識地

用科學方式瞭解糕點的為什麼，

再進行製作！

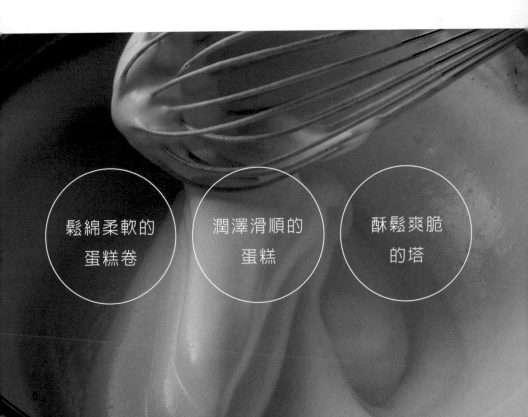

鬆綿柔軟的
蛋糕卷

潤澤滑順的
蛋糕

酥鬆爽脆
的塔

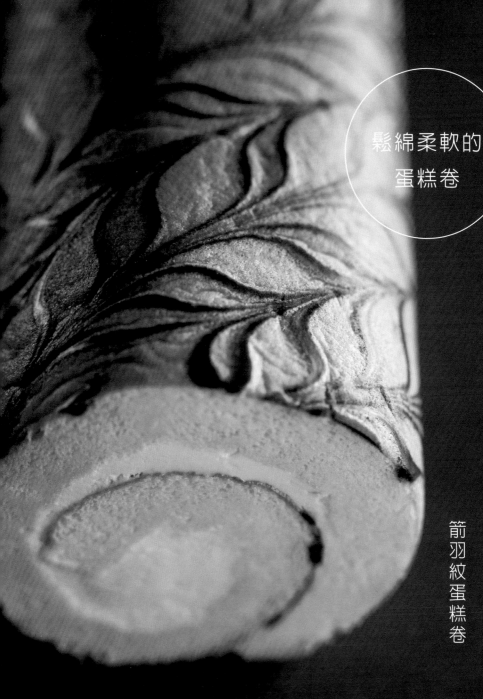

鬆綿柔軟的
蛋糕卷

箭羽紋蛋糕卷

抹茶蛋糕卷

奶油戚風蛋糕

潤澤滑順的
蛋糕

含羞草蛋糕

巧克力大理石蛋糕

鹽味焦糖卡特卡磅蛋糕

蘭姆葡萄乾瑪德蕾

15

鄉村蘋果塔

酥鬆爽脆
的塔

老奶奶塔

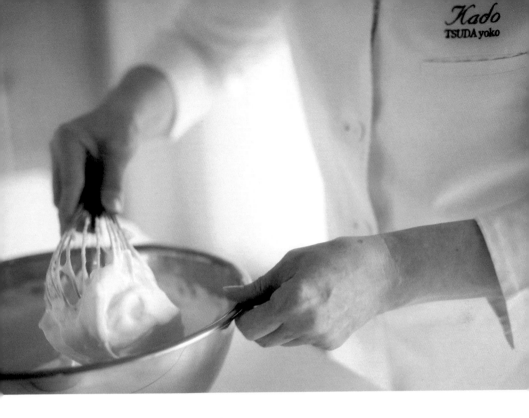

Part 1

製作糕點時
必須慎重考量的事

製作宇宙第一的「幸福糕點」

　　用雞蛋、砂糖、麵粉、奶油四種材料等量製作，極簡的「卡特卡磅蛋糕（Quatre-quarts）」。在法語中是"四分之四"的意思，英國的計量單位是磅（Pound）所以英語稱之為「Pound cake」，是糕點世界的基本食譜。法國人將此二者嚴密地加以區分，以融化奶油製作的稱為「Quatre-quarts」，利用攪拌打發的奶油製作的稱為「Pound cake」。會因製作方式不同而產生極大的差異，可以是宇宙第一美味，也有可能會難以入口。因製作方法而產生如此個性化差別的特色，也是有趣之處。再更深入地思考，就歸納至糕點製作的基本，因此可以從這個食譜廣泛地進行所有的搭配組合。充分理解前面所列舉的四項食材所擁有的力量，檢視這些食材要如何加以組合完成。只要能充分感受些微變化地進行製作，就能作出令人驚異的「幸福糕點」。

　　食材與食材、人與人。要相互結合的難度，都無法一以概之。

食材與人，同樣地無法僅僅放在一起就相互融合。但只要多下工夫，也就可以使其融合成具有光澤滑順的狀態。但要找到使其融合的方法，並不那麼簡單。相互融合的狀態會呈現「光澤」，滑順且具有彈性才是非常完美。表面呈現出潤澤滑順的光澤，在糕點的製作中，最常見的是乳化的蛋黃、溶入砂糖的蛋白霜、麵粉完全混拌後的麵糊、加熱變得柔軟的奶油。最重要的是充分"理解"，理解製作的為什麼，才能製作出具光澤的麵糊。「溫」、「熱」不僅只是溫度計的數字，我認為而是能意識其狀態下進行製作的糕點，一定可以成為「令人感到幸福的糕點」。

即使放入烤箱後，也請試著帶著期待的心情想像麵糊的狀態。試著想像四種材料各自發揮其特長，融合為一的狀態，以及變化而成的結果。二者混合、或是三者結合、又或是四者都能順利地完成融合…。今天的省思，就能成為未來的革新。

四種食材的「特徵與力量」

雞 蛋······

　雞蛋的特徵是凝固性、乳化性、起泡性。

　在烘焙糕點時，特別會利用蛋黃的凝固性和乳化性、蛋白的凝固性和起泡性，活用其各不相同的性質（乳化性和起泡性）使其融合，以製作出更美味的糕點。蛋白幾乎都是水分，蛋黃就像是聚集眾多油粒子所形成，也就是一個蛋殼中同時存在著水和油。在蛋殼中被蛋白保護著的蛋黃，我個人總是覺得在製作糕點時的打發作業是將"蛋黃返回蛋白中"。

　蛋黃中所含的卵磷脂成分，有著聚合油脂和水分的能力。藉由打發成具光澤的乳霜狀，使卵磷脂乳化水分和油脂，使其擁有堅強的聚合力。另一方面，打發的蛋白雖然會隨著時間而產生水分分離的狀況，但藉著加入具有堅強聚合力的蛋黃，可以安定其發泡狀態。

特別是製作蛋糕卷的步驟中，呈現出雞蛋特徵的膨鬆柔軟口感，就是實現了蛋黃與蛋白融合互補的成果。

砂糖······

在我的認知，砂糖的功能不單是甜度，而是作為連結時的黏著材料。添加它並不是為了製作出甜點，而是為了使氣泡安定，且具有誘導結合後續添加材料的作用，是製作糕點時不可或缺的材料。

製作蛋糕卷麵糊時，首先將上白糖溶化在蛋白後打發，以此初步的安定蛋白霜的氣泡，也使其他材料能順利地融入其中，各種材料更容易相互結合。得到的結果是膨鬆柔軟、同時具潤澤口感，呈現出美味且口感極佳的舒芙蕾麵糊。製作蛋白霜時，像細砂糖般的結晶化砂糖不易溶於水分中，像上白糖、三溫糖、黑糖等易溶於水分的砂糖，更能製作出結合力強、且氣泡安定的蛋白霜。此外，烘烤時美味香氣，是只有易於焦糖化的上白糖所特

有，其他砂糖不具備的特徵。

打發奶油所製作的磅蛋糕，邊添加粒子細小的糖粉邊打發，可以形成較多的空氣層，更容易四面八方地與大量蛋液結合。添加麵粉前的奶油呈現出光澤狀，就是為了能結合其他材料的重要步驟。

砂糖的甜度，在高濕度的夏季或雨天時會更加明顯，在空氣乾燥的冬季或晴天時，感覺沒有那麼強烈。

雞蛋、砂糖、麵粉、奶油，雖然都是製作糕點時不可或缺的重要材料，但若要是缺少就完全無法製作糕點的材料，非砂糖莫屬。窮究原因，即使少了雞蛋、粉類、奶油的其中一項，都還是能夠製作糕點。但糕點的本質就是甜味，不僅僅是作為結合材料的作用，對我而言砂糖就是不可或缺的存在。

麵粉‧‧‧‧‧‧

　　麵粉，直接食用絕對稱不上好吃，但卻是造就糕點形狀的重要材料。若將雞蛋、砂糖、麵粉、奶油直接放在烤盤上烘烤，肉眼可見地能分辨出來。砂糖和奶油遇熱融化消失，但雞蛋和麵粉卻能存留下來。特別是麵粉，與烘烤前同樣地以鬆散粉類的狀態留下。那表示，麵粉在製作糕點上，如同骨架般的存在。

　　另外，在談到麵粉時不可不提的就是麩質（gluten）。一旦遇水結合，再加上進行作業的程度，可能會形成良好或不佳的麵筋組織。在製作磅蛋糕的步驟中，雞蛋與奶油尚未充分結合，就添加粉類混拌時，會產生超過必要的筋度，成為口感沈重的蛋糕。泡打粉會將沈重的部分更加強調地呈現，烘烤完成的糕點會隨著時間經過，而呈現粗糙不均勻的口感。雞蛋和奶油若融合成光澤狀，再添加粉類確實混拌，呈現具有彈性般的麵糊時，就可以烘烤成具潤澤且口感極佳的蛋糕。請多注意使麵粉呈現出良好的筋

度（黏度），避免不佳的筋度（拉力），這些取決於水分的斟酌，以及個人的操作。

　若提到以粉類為主的糕點，最先浮現的就是奶油酥餅（Shortbread），原本一般的配方是不添加雞蛋的，這是為了不使雞蛋的水分過度影響粉類的緣故。避免過強的筋度，所以可以呈現出爽脆酥鬆的口感。我用甜酥麵團（Pâte sucrée）製作脆餅或餅乾時，會添加少許雞蛋作為黏著材料，但即使這個時候，也盡可能避免並抑制在最小範圍的筋度，藉此提升風味，雞蛋的水分能使酥脆感更加明顯。

奶油……

奶油是百分之百的動物性油脂。有時也會使用植物性油脂，添加10～50％奶油的混合人造奶油（Compound Margarine）。植物性油脂，就如同振動沙拉醬汁時飽含大量細小空氣般，具有一攪拌就會包覆空氣的能力。想要飽含空氣時，與其使用黏性強的純奶油，不如利用混合人造奶油，可以更輕易地完成。

在製作糕點上，有二種方式。加入融化的奶油、或是將奶油打發成軟膏狀。使用融化的奶油，請選用美味十足的純奶油。例如，利用融化奶油製作的卡特卡磅蛋糕（Quatre-quarts），因使用了大量的液狀奶油，為避免粉類吸收了奶油的油脂，將粉類和奶油各分成2次添加，依序確實混拌後再加入下一次，如此即使用了大量奶油，也不會感到油膩，能烘烤出潤澤綿密的糕點。

另一方面，打發成軟膏狀奶油製作的磅蛋糕（Pound cake），用純奶油一樣會有黏性，也可以打發。但混合人造奶油一旦被打發，可以飽含大量空氣，雞蛋即使超量也不會產生分離，可以四面八方地完全融合，而且以隔水加熱雞蛋時，因奶油會軟化，油脂不會分離而能保持光澤地與其結合。

所謂的夢幻糕點，就是藉由結合「水分的雞蛋」和「油脂的奶油」而完成的。活用最難操控卻又美味的奶油，多用點工夫在其他食材上，就能充份駕馭了。

「為了製作美味糕點」的技巧

　　以手拿著使用的工具，可以用自己的手來取代。使用的方式可以活用材料，也可能會破壞材料。刮刀可以用拼攏的手指來代替，混拌材料時，就像把材料擺放在手掌般。揉搓時，可以想像成用手掌按壓材料般地推壓。攪拌器，可想像成把手指張開地混合，想像看不見的麵糊狀態，自然能感受到有效率的混拌方法。

　　請不要忘記左右手同時動作的重要性，在混合材料時，請不要光用慣用手來進行，另一隻手也要誘導輔助般地動作。左右手平衡地同時進行是很重要的事。藉由兩手同時操作，可以減少非必要的動作，也就是能以減少材料直接承受壓力地進行混拌。

　　我們經常會說「卸下肩膀的力道」，在製作糕點手持工具時，注意地將精神力量集中在指尖，自然可以順利並卸下肩膀的力道。反之，以手掌抓握會在下方用力，就會使肩膀用力。

最後，是稍微預想。製作糕點是科學與化學變化的累積，材料的狀態時時刻刻在改變，因此無法急遽停止或回復。在製作糕點時，所謂的預想，是指預測第2個步驟、第3個步驟。如此就能明白自己現在應該要做的事。

製作糕點對應著人際關係

　　請保持著被觀看及呈現的意識。邊觀察周圍的狀況，同時保有「自己被觀看著」的意識進行動作，就能有效率地磨練出美感。動作精簡如行雲流水般製作糕點的人，周圍總是會聚集著很多的目光。

　　對於事物不要過於決斷，否則會成為標籤人。不要用擅自帶入的思考模式來進行判斷，對於事物的判定若能以自己心中的尺度來評估，就能有更深切的感受，同時也能更了解食材的特色，進而能判斷並成就最適合製作糕點的環境（溫度及濕度）。藉由這樣的思維，也是對大自然與人類的關懷。

　　此外，將既有的知識藉由教授而更加牢記。將自己覺察理解的事物傳遞給周圍的人，傳達教授的同時，也是自省的時間，也能由此察覺自己的優缺點。很多時候，若沒有被人提醒指點，很難覺察到自己的錯誤，在製作糕點上也是同樣的道理，材料的特

徵、製作的方法都是在教學相長時可以得到更甚於複習的成果。

　　所謂的水中泡影，是指努力辛苦都付諸流水，自暴自棄的說法，但在製作糕點上，只要下了苦工，努力就絕不會付諸流水。奶油和雞蛋藉由添加了砂糖而結合，藉著溫熱雞蛋可以軟化奶油增加光澤及黏稠，請確實熟知用科學方式瞭解糕點的為什麼，並不斷地將這些努力納入步驟中吧。

　　雞蛋、砂糖、麵粉和奶油，是基本的四項材料，而風味呢？砂糖與奶油雖然美味，但雞蛋、特別是麵粉，就無法單一的形成美味。但在放入烤箱加熱後，砂糖和奶油的形狀消失，但雞蛋和麵粉仍能存留。美味的材料幾乎消失，而相較不提供美味的材料仍以美好的形狀存留著，由此可知無法以單一材料完成製作，正因為各種其他的材料，才能製作出糕點。

關於蛋白霜

　　飽含空氣的蛋白霜，其存在可以支撐沈重的麵糊，使其產生輕盈口感、安定整體、也能賦予食用時的舒適感受。對我個人而言，蛋白霜膨鬆柔軟的感覺，是在心情受挫時最能撫慰人心的療癒存在。

　　提到以蛋白霜製作最能撫慰人心的糕點，就是奶油戚風蛋糕吧。膨鬆柔軟、口感潤澤，用手掰開剛出爐的蛋糕時，飄散出的奶油香氣，撫慰身心。或是製作法式巧克力蛋糕時不可或缺的蛋白霜，加入富含油脂的材料時具有支撐全體，也有助於粉類的混拌。充分發揮蛋白霜的特色，就能烘焙出膨鬆潤澤的法式巧克力蛋糕。

　　蛋白霜只要持續打發就不會有離水（分離）的狀況，一旦打發步驟停下的瞬間，就會開始分離。分2次將蛋白霜加入麵糊當中，

最初加入的蛋白霜，作用在於使其容易結合之後加入的粉類，具有支撐的作用；第2次加入的蛋白霜，是為了使烘烤完成時能呈現膨鬆柔軟的狀態。開始產生分離的蛋白霜，可以在添加之前，再次以攪拌器混拌使其回復具有光澤的膨鬆狀態。

　　蛋白霜的打發方式和添加砂糖的時間點，可以依糕點的特色而改變。在我的食譜中，相對於蛋白，使用的是半量或等量的砂糖，以想像中所希望的口感區分使用。例如，蛋糕卷是使用相對於蛋白半量的砂糖，在最初階段就全部加入，使其溶化後才開始打發；但在製作相同配比的戚風蛋糕時，添加砂糖的時間點和打發方式也會隨之不同。另一方面，戚風蛋糕或是以蛋白霜製作像卡特卡磅蛋糕（Quatre-quarts）般，鬆軟中又帶有彈性，以蛋白霜為主的糕點，因為想要呈現出氣泡細綿且密集的強化狀態，因此使用手持電動攪拌機，並增加攪拌的轉速，以攪打出大量氣泡。再者添加砂糖的時間點，是在攪打出大量氣泡後，分2次添加。即使相同的製作方法，戚風蛋糕使用相對於蛋白半量的砂

糖，但用在粉類較多的卡特卡磅蛋糕（Quatre-quarts）上則是等量，以支撐氣泡。

　融入大量砂糖，狀態安定的蛋白霜，對於添加大量奶油或粉類的糕點而言，具有強力支撐作用。用大量的砂糖結合細密的氣泡，能使其狀態安定，並將這樣的作用發揮至最後。想到蛋白霜，在腦海中就會浮現出各種口感的糕點，「今天就來製作這樣口感的糕點吧！」，充分享受其中的趣味。

Part 2
食譜的
組合與考量

鬆綿柔軟的蛋糕卷

由失敗中孕育而出的配方

　　法國糕點的蛋糕體和奶油絕妙的均衡組合，令人感動。但在口感粗糙的蛋糕體表面刷塗糖漿，是絕不能接受的。若是自己製作的話，應該要烘烤出如舒芙蕾般膨鬆柔軟，散發著奶油香氣的潤澤口感…，曾經如此地想像完成的蛋糕體。當我想用自己的方法製作糕點時，這是製作過程中反覆的錯誤並嘗試後，所孕育出的蛋糕卷配方。

　　某天，想將剛完成烘烤的戚風蛋糕脫模時，不小心掉落而變得塌扁，隱約中聽到啾～的聲音，含較多水分的蛋糕體，撕下一口試吃，對這口感驚為天人，恰好正是我所追求的成果。空氣和水分渾然天成地融合為一，程度超越想像的理想。雖然以戚風蛋糕而言是失敗之作，但之後又進行了各種測試並確認變化，也發現了許多溫度與濕度對製作糕點的影響，以及雞蛋令人覺得不可思議的可能性。這次的失敗是通往成功蛋糕卷的第一步，成為經由實驗探索食譜的一大契機，也是我心目中的原點。

重返卡特卡磅蛋糕（Quatre-quarts）的配比

糕點世界最基礎的就是卡特卡磅蛋糕（Quatre-quarts）的食譜配方。僅使用家庭中唾手可得的四種材料－雞蛋、砂糖、麵粉、奶油，全部等量就能製作。以此為基礎，大部分的糕點都是這些材料加一點、減一點，或替代…的調整。

首先思考的是，感覺美味的奶油或砂糖，都會想要盡可能多添加一點。粉類等因不特別具備美味的感覺，所以只要能保持住形體，就盡量不增加用量，立刻就以家中常備的上白糖來嚐試。當然後來也試著以細砂糖來製作，但可以確認的是，上白糖的香氣及風味都更勝一籌。曾經有一次忘了加入粉類。膨脹的舒芙蕾宛如聖米歇爾山（Mont-Saint-Michel）的歐姆蛋一般，在從烤箱取出時嘩～地膨脹著，但轉瞬間就坍塌了。像這樣略略增減，彷彿冒險般的配方比例「粉類減至最少，利用雞蛋的力道撐住形狀來製作」，才能找到現今最適用的配方。

鬆綿柔軟的
蛋糕卷

正因為是蛋糕卷

不需要用叉子或刀子，這款蛋糕體捲成蛋糕卷，希望大家可以用手拿取地親自體驗觸感。正因為是舒芙蕾蛋糕體，所以也不需要酒糖液；即使捲起，蛋糕體也不會有裂紋。最重要的是打發鮮奶油也容易捲入，保持某個程度的硬度才能捲得漂亮。如此一來，雖然必須要充分打發鮮奶油，但過於打發口感又會變得粗糙乾燥，打發鮮奶油的口感也必須要入口即化才可以。要能完全解決並符合這些條件的，就是甘那許鮮奶油。不僅是容易包捲的硬度，同時又比單純的打發鮮奶油更加醇厚香濃。

製作蛋糕卷時，最初的重點是蛋黃的乳化。請試著想像因攪拌器動作所產生的凝聚力，混入包裹於其中的感覺。乳化的蛋黃，會包覆住後來製作的蛋白霜。那麼，這種蛋白霜，蛋白的打發程度是「稠濃與膨鬆之間」。膨鬆的感覺勝於稠濃感，略有紮實感的程度就是最佳狀態。接著加入粉類，但相對於水分，粉類用

量非常少，因此容易結塊，務必要均勻混拌。首先由內向外地篩入粉類，避免集中在同一位置，均勻撒入全體材料中。待完全滲入後，想像用手掌混拌般，避免壓破氣泡地仔細混拌。加入熱熱的融化奶油後，趁未降溫時迅速地混拌後放入烤箱。很快地就飄散出香氣了！在京都只要一提到煎餅，立即浮現在腦海中的就是「甜味煎餅」，而我總覺得烘烤的蛋糕卷香氣，就像是烘烤甜味煎餅般的香甜，而且還能感受到這四種不同的材料合而為一，形成糕點。

鬆綿柔軟的
蛋糕卷

鬆綿柔軟的
蛋糕卷

那麼，一起來製作吧！

箭羽紋蛋糕卷（向外捲起）

抹茶蛋糕卷（向內捲起）

粉類減至最小限度

利用「雞蛋的力道」

實現世上最鬆綿柔軟的口感。

綿柔的蛋糕體

即使捲起也不會產生裂紋。

箭羽紋蛋糕卷 (23cm的蛋糕卷 1條)

＊甘那許鮮奶油 [前一天製作]

白巧克力………60g

鮮奶油………180ml

❶ 巧克力切碎，放入缽盆中。

❷ 鍋中放入鮮奶油加熱，煮至沸騰後加入①混拌，使巧克力完全溶化。

❸ 在更大的缽盆中放入大量冰塊，疊放上②的缽盆，邊混拌邊使其冷卻。待充分冷卻至產生稠濃時，覆蓋保鮮膜放入冷藏室靜置一夜。

＊預備步驟

・在烤盤上鋪放裁切成烤盤底部，包含側面高度大小的烤盤紙。

・混合濃縮咖啡和蛋黃，裝入紙捲擠花袋內，密封備用。

＊麵糊

蛋黃………6個

蛋白………5個

上白糖………100g

低筋麵粉………50g

奶油………50g

＊咖啡液

濃縮咖啡………1大匙

　（粉末即溶咖啡5大匙，溶於1大匙
　　熱水的濃縮液）

蛋黃………1個

❹ 隔水加熱奶油，使其成為融化奶油。

❺ 在缽盆中放入蛋黃攪散，打發至顏色發白具沈重感。

❻ 在較大的缽盆中放入蛋白，加入上白糖並用攪拌器混拌使其充分溶化後，改以手持電動攪拌機打發，完成時再改以攪拌器，製作出細緻稠濃的蛋白霜。加入⑤，均勻混合。

❼ 邊過篩低筋麵粉邊加入缽盆中，用橡皮刮刀混拌至材料產生光澤。

❽ 加入④溫熱的融化奶油，混拌至材料均勻。

❾ 將烤盤紙鋪放在烤盤上，倒入⑧用刮板平整表面，在烤盤底部輕輕敲叩幾次，排出多餘的空氣。將裝有咖啡液的紙捲擠花袋前端剪去2～3mm，斜向描繪線條般地絞擠在麵糊表面，使用竹籤在線條上垂直拉劃出圖樣。以200℃預熱的烤箱烘烤約12分鐘。

❿ 完成烘烤後由烤盤取出置於網架上，僅剝離側面的烤盤紙。散熱後移至取板上，在蛋糕體表面覆蓋上與烤盤底部相同大小的烤盤紙。待溫度更降低後，連同烤盤紙一起翻面，並剝除底部的烤盤紙。

⓫ 將③的甘那許鮮奶油攪打成八分發。在蛋糕體開始捲起處置放打發鮮奶油，以抹刀平整地推開抹平。

⓬ 用指尖避免形成空洞地向前捲動一圈，以手掌包覆般地捲起。

⓭ 連同取板，將蛋糕移動至身體前方，以烤盤紙提起，放入樋型模中於冷藏室靜置約30分鐘。

抹茶蛋糕卷（23cm的蛋糕卷　1條）

＊抹茶甘那許鮮奶油［ 前一天製作 ］

白巧克力………60g

鮮奶油………180ml

抹茶………4g

熱水………15ml

❶ 將抹茶放入熱水中充分混拌溶化。

❷ 巧克力切碎，放入缽盆中。

❸ 鍋中放入鮮奶油加熱，煮至沸騰後加入②混拌，使巧克力完全溶化，再加入①混拌。

❹ 在更大的缽盆中放入大量冰塊，疊放上③的缽盆，邊混拌邊使其冷卻。待充分冷卻至產生稠濃時，覆蓋保鮮膜放入冷藏室靜置一夜。

＊預備步驟

· 在烤盤上舖放裁切成烤盤底部，包含側面高度大小的烤盤紙。

· 混合低筋麵粉和抹茶過篩備用。

＊麵糊

蛋黃………6個

蛋白………5個

上白糖………100g

｜低筋麵粉………50g

｜抹茶………8g

奶油………50g

＊其他

紅豆泥餡………100g

❺ 隔水加熱奶油使其成為融化奶油。

❻ 在缽盆中放入蛋黃攪散，打發至顏色發白具沈重感。

❼ 在較大的缽盆中放入蛋白，加入上白糖並用攪拌器混拌使其充分融化後，改以手持電動攪拌機打發，完成時再改以攪拌器，製作出細緻稠濃的蛋白霜。加入⑥，均勻混合。

❽ 邊過篩粉類邊加入缽盆中，用橡皮刮刀混拌至材料產生光澤。

❾ 加入⑤溫熱的融化奶油，混拌至材料均勻。

❿ 將烤盤紙舖放在烤盤上，倒入⑨用刮板平整表面，在烤盤底部輕輕敲叩幾次排出多餘的空氣。以200℃預熱的烤箱烘烤約12分鐘。

⓫ 完成烘烤後由烤盤取出置於網架上，僅剝離側面的烤盤紙。散熱後移至取板上，預備2張與烤盤底部相同大小的烤盤紙，1張覆蓋在蛋糕體上。待溫度更降低後，連同烤盤紙一起翻面，並剝除底部的烤盤紙，覆蓋上另1張烤盤紙，再次將烤出呈色的表面翻轉成朝上。

⓬ 將④的抹茶甘那許鮮奶油攪打成八分發。蛋糕體開始捲起處置放打發的鮮奶油，以抹刀平整地推開抹平。

⓭ 將紅豆泥餡放入裝有樹幹蛋糕擠花嘴的擠花袋內，以適當間距地在奶油餡表面絞擠出3條紅豆泥餡。用指尖避免形成空洞地向前捲動一圈，以手掌包覆般地捲起。

⓮ 連同取板，將蛋糕移動至身體前方，以烤盤紙提起，放入樋型模中於冷藏室靜置約30分鐘。

在巧克力中加入煮至沸騰的
鮮奶油

巧克力切碎（或是使用鈕扣巧克
力），放入缽盆中，加入煮至沸
騰的鮮奶油。

用攪拌器充分混拌使巧克力
溶化

用攪拌器仔細地混拌，使巧克力
完全溶化

預備較大的缽盆放入冰塊，
使其冷卻

在較大的缽盆中放入大量冰塊，
疊放上裝有甘那許鮮奶油的缽
盆，邊混拌邊使其冷卻成具光澤
的狀態。

 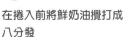

在捲入前將鮮奶油攪打成
八分發

打發靜置於冷藏室一夜的甘那許
鮮奶油。調整至用橡皮刮刀舀起
時，會濃稠地緩緩滴落的程度。

[我所下的工夫8]

入口即溶的甘那許鮮奶油，更能烘托出美味蛋糕的風味。

1 製作甘那許鮮奶油，前一天先預備

箭羽紋蛋糕卷／抹茶蛋糕卷

美味蛋糕體的製作，取決於蛋黃的乳化。

2 麵糊（打發蛋黃）

隔水加熱奶油使其融化

隔水加熱是煮至沸騰後轉小火，再放入裝有奶油的缽盆，使其保持熱度。[**我所下的工夫10**]

 20

分開雞蛋的蛋白和蛋黃

分別在較大的缽盆中放入蛋白，並將蛋黃放入略小的缽盆中。

 4

短握攪拌器，攪散蛋黃

如包覆般地用手指抓握攪拌器的鋼圈部分，開始進行打發步驟。

邊傾斜缽盆邊用力打發

缽盆朝自己身體方向傾斜，使蛋黃聚集地用力打發。

打發至蛋黃顏色變白具厚重感

打發至蛋黃變得沈重且稠濃，蛋黃包覆攪拌器的鋼圈般。

 8

箭羽紋蛋糕卷／抹茶蛋糕卷

3
麺糊（打發蛋白）

製作蛋白霜。

因為是稠濃具光澤的蛋白霜，所以必須打發至膨大鬆軟為止。

在蛋白中加入全部的砂糖
在蛋白中加入全部用量的上白糖。

用攪拌器混拌使砂糖溶於蛋白中
進行打發步驟前，先使上白糖溶於蛋白中地混拌。

 11

待砂糖溶化後，改以手持電動攪拌機進行打發
先暫時用力地縱向動作進行打發，待氣泡變細緻後，為整合氣泡地改為橫向動作地進行打發。

製作細緻且稠濃的蛋白霜
使用手持電動攪拌機打發至蛋白霜成為具光澤，且氣泡極為細緻的稠濃狀。

 9

改回使用攪拌器，打發至膨鬆狀態
當使用手持電動攪拌機打發至成為細緻氣泡的狀態後，改回使用攪拌器，使其飽含空氣地呈現膨鬆的狀態。

 9

在蛋白霜中添加乳化的蛋黃

在蛋白霜中添加蛋黃後，兩手同時動作地使其混合。

 10

混合蛋黃和蛋白

就像使乳化的蛋黃包覆蛋白霜般，仔細混拌。

邊過篩低筋麵粉邊添加混拌

開始混合之初，從中央朝外側篩撒，以單手朝身體方向小幅地轉動。

以橡皮刮刀混拌至呈現光澤

彷彿將麵糊以橡皮刮刀舀起，或以手掌舀起般地持續大動作混拌。

加入溫熱的融化奶後混拌

加入保持熱度的融化奶油，避免混拌不均勻地確實進行。

4 麵糊（混拌）

在蛋白霜中依序加入蛋黃、麵粉以及融化奶油混拌，想像以手掌混拌的感覺。

將麵糊倒入舖有烤盤紙的烤盤中

將側邊立起的烤盤紙舖在烤盤中，由略高的位置將麵糊倒入。

以刮板平整表面

用刮板將麵糊全體均勻推展，並平整表面。

敲叩烤盤的底部以排出多餘的空氣

單手持烤盤，重覆2～3次將烤盤朝下落至另一手的掌心上。

＜箭羽紋蛋糕卷＞

將咖啡液放入紙捲擠花袋內絞擠出來

剪去紙捲擠花袋的前端2～3mm，斜向左右揮動手腕地絞擠。

以竹籤垂直地劃入線條，以高溫烘烤

垂直地以竹籤上下交替地動作，描繪出漂亮的箭羽紋。放入以200℃預熱的烤箱烘烤約12分鐘。

 49 50 51

5　烘烤（將麵糊倒入烤盤後烘烤）

將側邊立起的烤盤紙舖入烤盤中，倒入麵糊後，迅速地平整表面並放入烤箱。

6 捲起（向外捲起、箭羽紋蛋糕卷）

向外捲起是以烤香的表面為外側地捲起

從烤盤上取出完成烘烤的蛋糕體置於網架上

取出置於網架後，立即剝離側面的烤盤紙。

降溫後移至取板上

為避免乾燥地移至取板上，覆蓋上與烤盤底部相同大小的烤盤紙。

 2

待溫度更降低後，連同烤盤紙一起翻面，並剝除底部的烤盤紙

連同覆蓋在表面的烤盤紙一起翻面，從身體方向朝外側仔細地剝除墊放在底部的烤盤紙。暫時以此狀態靜置，可以漂亮的並避免裂紋地捲起。

 1 2

在開始捲動的部分放置甘那許鮮奶油

將攪打成八分發的甘那許鮮奶油置於開始捲動的位置。

[我所下的工夫 8]

用抹刀將奶油餡推展至邊緣2cm內的位置，平整地推展

抹刀避免過度用力地輕輕將奶油餡平整地推展。

用指尖仔細地捲起第一圈和第二圈，之後用手掌彷彿包捲般地輕柔捲起。

使用指尖捲第一圈

避免形成空洞地捲動一圈，邊以指尖小幅地動作，使其捲起。

以手掌包覆般地捲起

輕柔地以手掌包覆般，使左右粗細均勻地捲起。

3

將蛋糕移至身體前方，連同烤盤紙一起捲起

連同取板一起移動靠近自己，與烤盤紙一起整合形狀並捲起。

鬆開捲起的烤盤紙，將接合處朝下

蛋糕以縱向放置並鬆開烤盤紙，輕柔地夾住蛋糕地提至中央處，並使接合處朝下。

放入樋型模中置於冷藏室整合形狀

提起烤盤紙的兩端，放入樋型模中整合形狀，於冷藏室約靜置30分鐘。

6 捲起（向內捲起、抹茶蛋糕卷）

向內捲起是以烘烤面作為內側，將呈現漂亮抹茶色的蛋糕體作為外側地捲起。

待降溫後移至取板，覆蓋上1張備用的烤盤紙

與箭羽紋蛋糕卷同樣地，因容易乾燥所以覆蓋上與烤盤底部相同大小的烤盤紙。

待溫度更降低後，連同烤盤紙一起翻面，並剝除底部的烤盤紙

從身體方向朝外側仔細地剝除烤盤紙。因為是柔軟的蛋糕體，所以必須輕柔地剝除。

 1

覆蓋上另1張烤盤紙，再次將烤出呈色的表面翻轉成上方

捲起時，將鮮艷的抹茶色再次翻面，使呈現烘烤色的面朝上。

在開始捲動的部分，放置甘那許鮮奶油並推平

放上攪打成八分發的抹茶甘那許鮮奶油，推展至邊緣內2cm的位置。[我所下的工夫8]

 3

在鮮奶油表面絞擠出3條紅豆泥餡，與向外捲起（47頁）相同地捲起

將紅豆泥餡放入裝有樹幹蛋糕擠花嘴的擠花袋內，以適當間距絞擠出來並捲起。

 2 3

鬆綿柔軟的蛋糕卷　製作方法Q&A

1 烘烤蛋糕卷時，
蛋糕體為何會沾黏在烤盤紙上？

　　首先，是沾黏在烘烤後覆蓋表面的烤盤紙？或是倒入麵糊時墊放在底部的烤盤紙？答案也會隨之不同。

　　會沾黏在覆蓋於表面的烤盤紙，是因為屬於潤澤型的蛋糕體，向內捲起時，為了更容易捲動，會塗抹打發鮮奶油再捲入，剝除烤盤紙的痕跡會隨著捲入而消失，所以可以不用在意。向外捲起時，待降溫後，使用貼合度較低的和紙等來覆蓋翻面就可以解決。製作向外捲起的蛋糕卷時，表面全部烘烤成漂亮的烤色，也會比較不容易沾黏在烤盤紙上。

　　會介意鋪墊的烤盤紙剝除後的痕跡，應該是向內捲起吧。大部分問題的原因都是水分。應該是烘烤完成前，水分向下堆積，滲入烤盤紙而造成蛋糕體的沾黏。若想要防止這樣的狀況，請注意以下兩件事。

一是蛋白霜的打發。向內捲起時，比向外捲起更需要確實地進行打發步驟。若很介意，就打發至即將呈現尖角直立的程度。藉由製作更強勁的蛋白霜，減少因氣泡被破壞變成水分的狀況。

二是注意混拌的方式。避免氣泡破壞後回復成水分，與一相同的理由。避免破壞氣泡地仔細使粉類和奶油與全體麵糊混拌，以我的說法就是「想像用手掌來混拌一般」。各位，以徒手混拌時的超然視角，就能仔細均勻地混拌了。當手持工具後，容易將刮刀以切開氣泡的方式切入，成為切拌。雖然很容易會被忽略，但混拌方式確實會左右成品的呈現，非常重要。

 2 捲起蛋糕體時，
為什麼總是會產生裂紋？

向外捲起和向內捲起的狀況不同。

向外捲起時，因烘烤面是乾燥的狀態，因此捲動時會因拉動而容易產生裂紋。要注意在冷卻蛋糕體時必須避免乾燥。<u>降溫後，必須覆蓋上與烤盤底部相同大小的烤盤紙</u>。再者，捲動前連同烤盤紙一起翻面，烘烤面朝下地略略放置後，蛋糕體的水分會向下地滲入烘烤面，就變得容易捲動了。

向內捲起時，問題幾乎都是在麵糊製作上。<u>蛋白霜必須比向外捲起時更確實地打發，並且確實混拌也非常重要。</u>此外，奶油餡的打發過於強勁時會變硬，蛋糕體當中打發鮮奶油過硬時，拉扯到蛋糕體也會造成裂紋。

水分的調整，雖然建議使用會適度吸水的紙（藁半紙），但像影印紙般略硬的烤盤紙，也可以裁切成符合烤盤底部地重疊使用。一般家用烤箱的下火較弱，向內捲起時，必須避免水分滲入烤盤紙地下點工夫。

3 完成蛋糕卷後，左右兩端的粗細有極端的差異，
已無法重捲……。有什麼方法可以均勻地捲起？

　　當蛋糕體的厚度產生肉眼可見地差異，<u>在塗抹打發鮮奶油時，
在蛋糕體較薄處塗抹較多的奶油餡</u>。注意在捲起第一圈、第二圈
時，請在較粗的部分用力捲入，較細的部分則輕緩地捲起。最後
連同烤盤紙一起捲起時，也請斟酌力道動作。

　　也可以在抹塗打發鮮奶油時下點工夫。即使是想要均勻地塗
抹，但大多數的人都有避免打發鮮奶油溢出的下意識，會塗抹成
中央多，兩端少的傾向。<u>留意將兩端塗抹得較厚，中央略少即</u>
<u>可</u>。接著將10根手指確實張開地碰觸蛋糕體，避免按壓地轉動，
請想像製作壽司卷般地捲動。

 4 分開蛋黃和蛋白時，有一點點混入，
直接打發也沒關係嗎？

製作蛋糕卷的麵糊時，蛋黃一旦混入了蛋白就會削弱其乳化能力，但不會對成品有太大的影響。但若是蛋白中混入了蛋黃，就會無法打發。蛋糕卷的蛋白霜，是蛋白中添加全部的砂糖後才進行打發步驟。若在其中混入了蛋黃，會成為混入油脂的狀態及結果。所以在分蛋的時候請多加留心。在小容器中將每個雞蛋打入，再個別移至缽盆中會比較好。

 5　雞蛋冷卻的狀態好，
　　　　　　還是回復至常溫比較好呢？

　　在分開蛋黃和蛋白時，冷卻的雞蛋比較容易進行，但蛋黃的乳化和利用蛋白進行蛋白霜的製作時，回復成常溫可以製作出較理想的蛋糕體。添加粉類後混拌，最後加入融化奶油也需要進行混拌步驟，加入麵糊混拌的奶油會因雞蛋的水分而冷卻，有可能會形成分離的狀態，所以請多加留意。

6 打發甘那許鮮奶油（Ganache cream）時，
顏色略黃並產生像分離般的狀態，
製作時哪裡出錯呢？

　　請確認冷卻方法。為了讓巧克力完全融化，會將鮮奶油煮至沸
騰。而產生即將分離的狀態，正是鮮奶油與巧克力混拌並使其融
化時，溫度下降可能引發的狀態，融化的巧克力若直接放置，就
會產生類似脂霜（Fat bloom）的狀況。

　　疊放在裝滿冰塊，較大的缽盆中，邊混拌邊使其冷卻。待降
溫後也要不時地混拌，持續混拌至冷卻，脂霜消失成為具有光澤
且帶有稠濃感為止，就可以完成具有光澤的稠濃甘那許鮮奶油。
放入乾淨的容器內，覆蓋上保鮮膜，請不要忘了靜置於冷藏室
一夜。

＊脂霜（Fat bloom）
巧克力中所含的可可脂，隨著溫度的上升而浮出表面，冷卻凝固

時就會呈現白色粉末覆於表面的現象。用巧克力與鮮奶油製作甘那許鮮奶油時，冷卻過程就可見油脂浮現在表面。

 7 抹茶或可可蛋糕體在麵粉中添加其他粉類時，
不需要減少麵粉的用量嗎？

抹茶或可可粉雖然是粉類，<u>但並沒有麵粉與水分混拌後產生連結般的麵筋</u>。特別是蛋糕卷的麵粉已經是極少量了，所以沒有必要再減量。增加抹茶或可可粉般粒子細小的粉類，並不會減少與麵粉連結時的水份量，也不會增加像麵筋組織般的Q彈口感。

 8 蛋黃的乳化，
要打發到什麼樣的程度才好呢？

請確實打發至成為奶油乳霜色，會沾黏至攪拌器上為止。充分

乳化的雞蛋，具有足以包覆蛋白霜的力度。我想要說，蛋糕卷的麵糊好壞，取決於蛋黃乳化的程度一點也不為過。

 9 製作蛋白霜非常花時間，
其中有可以暫停的時間點嗎？

　因為一開始砂糖正在溶入，所以可以有較長的暫停時間點。在打發過程中，請數度確認打發狀況地檢視並持續打發。使用攪拌器邊混拌，邊舀起再橫向傾斜地看看垂落的狀態。<u>當蛋白霜的氣泡呈現出可描繪線條般的程度即可停止</u>。此外，截至目前為止的步驟，也可以使用手持電動攪拌機，待蛋白霜呈現可描繪線條般的程度後，接著使用攪拌器不停止的攪拌，邊確認具有光澤的蛋白霜氣泡，邊打發至向外捲起蛋糕卷麵糊所需的「鬆軟稠濃」，或是向內捲起蛋糕卷麵糊所需的「膨鬆強勁」狀態。

10 製作麵糊的一連串步驟中，是否有可以暫停的時間點？感覺一旦停止就會有不良的影響，很害怕暫停……。

　　材料之間藉由混拌結合，可呈現安定狀態。在蛋黃打發的過程中，或是打發後都可以暫停。但是「一旦確認蛋白霜完成，加入蛋黃充分混拌」，只要這個過程一氣呵成，就可以順利製作。之後，加入粉類、奶油，各別依序確實混拌，就能作出品質良好的麵糊。麵糊材料倒入烤盤後，盡可能迅速的以刮板平整表面，放入烤箱。

11 芙蕾麵糊中的上白糖，
改用細砂糖時，用量相同嗎？
另外在打發等步驟上，會產生什麼相異之處？

　　蛋糕卷的蛋白霜製作，始於砂糖溶在蛋白中。細砂糖比上白糖更不容易溶化，因此<u>在砂糖完全溶化前就開始進行打發，會影響蛋白霜的強度</u>。並且在烘烤時，無法散發出上白糖般的香氣。

　　向外捲起的蛋糕卷，具有香氣的烤色，是細砂糖無法達到的。使用細砂糖不容易呈色，烤色微弱也不容易散發香氣，建議還是要以上白糖來製作。

12 烘烤的是柳橙蛋糕卷，
但在麵糊中添加的糖漬橙皮

幾乎不會出現在表面。要怎麼做才好呢？

有可能是混合蛋白霜和乳化蛋黃後，混拌方法不夠充分所造成；或是也有可能蛋白霜過度打發。<u>即使過度打發，一旦蛋黃包覆蛋白地充分混拌後，藉由兩者的結合，一樣可以作出呈現光澤的狀態。</u>

　　此外，添加麵粉後的混拌方法不夠充分時，麵糊本身會殘留過多氣泡，完成烘烤時切碎的糖漬橙皮會聚積在麵糊中的緣故。

奶油戚風蛋糕

雖然不是蛋糕卷，但孕育出蛋糕卷起源的戚風蛋糕，也是常常產生很多疑問的糕點，在此特別提出說明。

在蛋白霜的頁面中已經提及，利用蛋白霜的力道製作出最能撫慰人心的糕點，我個人覺得奶油戚風蛋糕無人能出其右。而且，並不只是普通的戚風蛋糕，正如其名地加了"奶油"，所以改用沙拉油製作時，香氣及烘烤色澤也會隨之大幅改變。

一般的戚風蛋糕，為保持其鬆軟口感，大多會使用沙拉油製作。奶油在特性上，會隨著時間的推移而容易產生變硬、口感沈重的傾向。但我個人無論如何都對奶油情有獨鍾，希望能利用奶油製作出香氣十足的戚風蛋糕，並且思考著如何持續保有烘烤出爐時的鬆軟口感。因此測試出現在以牛奶＋奶油製作戚風蛋糕的方法。更因為從戚風蛋糕的失敗中學到了蛋糕卷的成功關鍵，因此這應該可說是"反饋而來的戚風蛋糕"。

奶油戚風蛋糕

（直徑20cm的戚風蛋糕模型1個）

＊預備步驟
・粉類預先過篩備用。

＊麵糊

發酵奶油………80g

牛奶………80ml

蛋黃………5個

蛋白………5個

上白糖………140g

| 低筋麵粉………100g

| 泡打粉………1小匙

| 鹽………1小撮

❶ 在缽盆中放入發酵奶油和牛奶，以隔水加熱溶化，並保持溫度。

❷ 在缽盆中放入蛋黃打散，打發至顏色變白並且具沈重感。

❸ 在較深的缽盆中放入蛋白，以手持電動攪拌機打發至全體顏色發白為止，分2次加入上白糖，確實地製作出具有彈力的蛋白霜。

❹ 在②當中加入①混拌，移至較大的缽盆中。

❺ 再次過篩粉類並加入混拌，用攪拌器混拌至產生光澤。

❻ 分2次加入③的蛋白霜，每次加入後都以攪拌器仔細地混合，改以橡皮刮刀混拌使全體均勻。

❼ 從較高的位置避免產生氣泡地，將麵糊倒入戚風蛋糕模型中，以竹筷等混拌以排出多餘的空氣。

❽ 放入以180℃預熱的烤箱中烘烤約30分鐘，烘烤完成後連同模型一起倒扣冷卻。冷卻後，用刀子劃入蛋糕體和模型間，脫模。

13　烤好的奶油戚風蛋糕冷卻脫模，
底部總是會形成空洞，為什麼呢？

　　應該是蛋白霜與其他材料並沒有確實混拌均勻的緣故，在完成
麵糊倒入模型為止，一旦停手或經過太長時間，會使氣泡浮起，
導致倒入模型時空氣進入。請確認倒入模型時的麵糊不是膨鬆，
而屬於稠濃的狀態。

　　最後用竹筷均勻地攪動全體麵糊後，再放入烤箱。

 14　製作奶油戚風蛋糕時，添加的大量奶油和牛奶，
為什麼要充分地保持溫熱呢？

　　奶油與液態油不同，在製作時會因冷卻而凝固，因此盡可能避
免冷卻地完成麵糊，就是製作的重要關鍵。奶油和牛奶，因為是
在放入粉類或蛋白霜前添加，所以必須要充分保持熱度。

15 製作奶油戚風蛋糕時，雖然會因雞蛋的大小而使膨鬆狀態產生差異，若沒有L尺寸的雞蛋時，也可以增加雞蛋的顆數嗎？

<u>當然可以</u>。製作戚風蛋糕時，主要的食材就是雞蛋，盡可能使蛋白的發泡力和蛋黃的乳化能力發揮至極限，就能做出鬆軟潤澤的糕點。此外，蛋白的打發程度會決定成品的好壞，請注意打發蛋白霜時砂糖添加的時間點。

16 奶油戚風蛋糕無法順利地從模型中脫出，刀子的使用方法有什麼訣竅嗎？

戚風蛋糕的刀子避免朝著蛋糕體，保持彷彿要將貼合在模型的蛋糕剔除般地，緊密沿著模型劃開。

脫模底部時，先翻回正面朝上，用小刀插入蛋糕體與模型平坦

鬆綿柔軟的
蛋糕卷

部分之間劃開；筒狀部分，則是與刀面反方向地以單手轉動模型，使其脫出。

 17 奶油戚風蛋糕烘烤完成時，蛋糕會橫溢流出，這是不是失敗的成品呢？

　　這應該是蛋白霜沒有完全與材料融合造成。因為戚風蛋糕的蛋白霜經過確實打發，<u>在添加時要用攪拌器充分混拌，使其以柔軟狀態並確實混合拌勻</u>。使用橡皮刮刀時，若蛋白霜沒有完全與其他材料混合，容易殘留。充分混合的麵糊就不會橫向擴散，烘烤後會向上膨脹隆起。

 18 想漂亮地保持烘烤完成時的戚風蛋糕形狀，需要如何進行才好呢？

　　烘烤完成並降溫後，脫去外圈的模型。保持貼合中央筒狀模型

的狀態（照片），<u>底部朝上地放入塑膠袋中</u>，避免乾燥，暫時放置
1～2小時以整合形狀。

　脫模底部時，先翻回正面朝上，用小刀插入蛋糕體與模型平坦
部分之間劃開；筒狀部分，則是與
刀面反方向地以單手轉動模型，使
其脫出。切開戚風蛋糕時，小動作
地一邊移動刀子，一邊向下略為用
力，並且注意不要大力按壓。

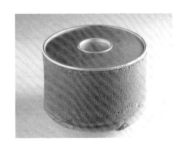

 19 製作戚風蛋糕的蛋白霜時，上白糖分2次添加，
但為什麼使用上白糖比較好呢？

　上白糖較細砂糖更容易溶於蛋白中，可以製作出強勁且安定的
蛋白霜，也恰好具有結合的作用，並且烘烤後可呈現獨特的香
氣，可以讓烘焙出來的糕點更具風味。使用細砂糖時，請選用顆
粒細的產品。

鬆綿柔軟的
蛋糕卷

潤澤滑順的
蛋糕

以奶油為主角的糕點

　　從以前開始一直不變心的喜歡蜂蜜蛋糕。在京都，蜂蜜蛋糕是歐風糕點（西式糕點），但在東京所學的―蜂蜜蛋糕竟然是「日式糕點！」。到底是以什麼做為決定的基準呢？雖然沒有定論，但其中一項理由，或許是使用奶油與否吧。從孩提時起一直覺得「要是蜂蜜蛋糕能添加奶油就太好了」，總想像這樣一定會更加美味。心中的美味標準，就是像蜂蜜蛋糕般鬆軟、潤澤、而且充滿奶油香氣的糕點。這樣的蛋糕，充滿著用科學瞭解製作過程的為什麼。每一道製程都有其原因，所下的工夫，可以做出風味完全不同的成品。如果不能充分地理解為什麼？就進行製作，那麼這些無法理解的問題點，就會造成無法描述的結果。不僅要感受放入烤箱前的麵糊是否確實完全結合？最重要的是需要理解這些原因，能夠從科學角度理解，在製作糕點時會更樂在其中。我個人有二個製作磅蛋糕的方法，①是用打發奶油製作的磅蛋糕（Pound cake），②是用融化奶油製作的卡特卡磅蛋糕（Quatre-quarts），無論哪一種都是以奶油作為主角。

① 用打發奶油製作的磅蛋糕（Pound cake）/ 依序為奶油、砂糖、雞蛋、麵粉

打發奶油，是在加入麵粉前才打發完成的乳霜狀，必須留心使其保持在最佳狀態。奶油有一半融入後充分混拌，成為具有光澤的乳霜狀，是製作磅蛋糕的最佳狀態。因此，很多書都會記述「提前將雞蛋放置回覆室溫」，而我則是「以隔水加熱雞蛋並充分保溫」。奶油與砂糖混拌後，一旦加入溫熱的雞蛋，奶油就會緩緩地融入，成為滑順的結合狀態。再者，添加的蜂蜜等其他食材，也都以隔水加熱備用，就能使麵糊至最後都保持在最佳的結合狀態。

此外，請務必要牢記，一旦雞蛋超過奶油用量的瞬間，就會開始產生分離。首先加入半量溫熱的雞蛋，混拌至呈現光亮滑順的狀態，再加入剩餘雞蛋的半量混拌，最後加入其餘的雞蛋，雖然

潤澤滑順的蛋糕

像是分離的狀態，但其他蜂蜜等添加材料也都是溫熱的，所以奶油會再次軟化並結合成光澤狀態。在這個時間點加入粉類混拌，就完成喉韻極佳的滑順麵糊。確實地依照上述步驟進行，就能完成更勝以往的磅蛋糕了。

② 用融化奶油製作的卡特卡磅蛋糕（Quatre-quarts）/
依序為雞蛋、砂糖、麵粉、奶油

　　因砂糖溶於雞蛋當中，首先邊隔水加熱邊混合拌勻，如此可以使砂糖確實溶化，也能強化並安定打發雞蛋時的氣泡。添加粉類後，最後添加融化奶油，奶油的香氣能更增添磅蛋糕的風味。在製作磅蛋糕時，避免奶油（油脂成分）和雞蛋（水分）產生分離，所以①藉由溫熱的雞蛋融化奶油使其相互結合，②是砂糖和麵粉具有結合的作用。在製作過程中，很重要的是要邊確認其光澤，邊進行後續步驟，「完成的麵糊具有光澤」。雞蛋、砂糖、麵粉、奶油這四大材料，具有光澤的結合，就能做出口感極佳又具潤澤度的美味磅蛋糕。

烘烤出潤澤口感

　　四種材料放入烤箱中，想像著磅蛋糕水蒸氣釋出地進行烘烤，一定會變得乾燥粗糙吧？很多人會這麼認為。正因如此，法國會在烘烤完成的磅蛋糕上刷塗大量的糖漿或洋酒，當然也有補充水分的作用。但除此之外，也是在製作糕點時，對衛生層面的考量。在西式糕點文化的國家中，所學到的是確實烘烤、刷塗洋酒、提升甜度、使用大量的奶油…，這些都是為了防腐所採取最自然的方法。烘烤，也就是使水分消失，在滅菌和防菌的同時，烘烤出色澤又能增添香氣。自然手作的美味，就是能撫慰身心的美好糕點。

潤澤滑順的
蛋糕

潤澤滑順的
蛋糕

那麼，一起來製作吧！

含羞草蛋糕（打發奶油）

巧克力大理石蛋糕（打發奶油）

鹽味焦糖卡特卡磅蛋糕（融化奶油）＊食譜在81頁

蘭姆葡萄乾瑪德蕾（融化奶油）＊食譜在82頁

潤澤滑順的麵糊關鍵在

準備２種狀態的奶油。

藉由善用「打發奶油」和「融化奶油」

製作出極為細緻的頂級蛋糕。

含羞草蛋糕（Mimosa）

（直徑18cm的庫克洛夫模型 1個）

＊預備步驟

· 以刷子將融化奶油（用量外）刷塗至
庫克洛夫模中，置於冷藏室冷卻備用。

· 粉類過篩備用。

· 糖漬橙皮切碎備用。

＊麵糊

奶油………200g

糖粉………150g

全蛋………3個

A 糖漬橙皮………150g

　│ 君度橙酒（Cointreau）………20ml

　│ 蜂蜜………30g

　│ 低筋麵粉………220g

　│ 泡打粉………1又1/2小匙

❶ 在缽盆中放入A混拌，隔水加熱
備用。

❷ 將在室溫下回復柔軟的奶油放入另
外的缽盆中，以攪拌器混拌，分幾次加
入糖粉，打發至膨脹鬆軟為止。

❸ 攪散全蛋以缽盆隔水加熱，邊用叉
子混拌邊加溫，分3次加入②，每次加
入都混拌至與奶油完全融合。

❹ 將①加入③當中混拌，再換至較大
的缽盆中。

❺ 邊過篩邊加入粉類，用刮刀切開般
混拌，切拌至粉類完全消失，出現光澤
為止。

❻ 在預備好的庫克洛夫模中撒入高筋
麵粉（用量外），倒扣掉多餘的粉類，
放入⑤的麵糊。

❼ 以180℃預熱烤箱，放入烤箱烘烤
15分鐘，降溫至170℃再烘烤30分
鐘。以竹籤刺入後若沾黏上麵糊，就再
烘烤幾分鐘。

＊糖漿

水………100ml

細砂糖………100g

君度橙酒（Cointreau）………30ml

❽ 在鍋中放入水和細砂糖，以中火加
熱煮至沸騰。冷卻後取30ml，加入君
度橙酒混拌。

❾ 待⑦烘烤完成後，脫模置於網架
上，趁熱用刷子刷塗糖漿。

巧克力大理石蛋糕

（直徑 20 × 8cm 的磅蛋糕模型 1 個）

＊預備步驟

· 在磅蛋糕模型中舖放烤盤紙。

· 粉類過篩備用。

＊麵糊

奶油………140g

糖粉………120g

全蛋………3 個

蘭姆酒………20ml

蜂蜜………30g

　低筋麵粉………140g

　杏仁粉………40g

　鹽………1/4 小匙

甜巧克力………40g

牛奶………20ml

＊其他

白蘭地………60ml

❶ 在缽盆中放入甜巧克力和牛奶，隔水加熱使其融化。巧克力融化後，停止加熱混合備用。

❷ 在另外的缽盆中，放入蘭姆酒和蜂蜜，隔水加熱。

❸ 在室溫中回復柔軟的奶油，放入另外的缽盆中，以攪拌器混拌，分數次加入糖粉，打發至膨脹鬆軟。

❹ 攪散全蛋以缽盆隔水加熱，邊用叉子混拌邊加溫，分 3 次加入③當中，每次加入都混拌至與奶油完全融合。加入②混合拌勻，再換至較大的缽盆中。

❺ 邊過篩邊加入粉類，用攪拌刮刀切開般混拌，混拌至粉類完全消失，出現光澤為止。用刮刀舀起麵糊放入①的缽盆中混合拌勻，再倒回原來的缽盆中，大動作混拌 2～3 次形成大理石紋。

❻ 將麵糊放入預備好的模型中，長邊橫向放置，使中央凹陷、左右兩邊平滑地略高。以 180℃ 預熱的烤箱烘烤 15 分鐘，降溫至 170℃ 再烘烤 30 分鐘。以竹籤刺入後若仍沾黏麵糊，就再烘烤幾分鐘。

❼ 烘烤完成後，從模型中取出置於網架上，剝除烤盤紙，趁熱用刷子刷塗上白蘭地。

奶油的準備

用打發奶油製作磅蛋糕、以融化奶油製作卡特卡磅蛋糕

［打發奶油時］

打發放置回復室溫的奶油
放置回復室溫的奶油，仍會有一點硬度的狀態，因此以手持電動攪拌機開始打發。

打發至膨脹鬆軟
打發成顏色變白、膨脹鬆軟，體積變大。[**我所下的工夫10**]

［融化奶油時］

切成骰子狀的奶油放入缽盆中
預備切成骰子狀的奶油，放入缽盆中。[**我所下的工夫10**]

隔水加熱使其融化
隔水加熱至沸騰後，轉為小火，奶油缽盆仍泡在熱水中充分保持熱度。

含羞草蛋糕

以打發奶油製作

磅蛋糕是用打發奶油來製作。

依序放入奶油、砂糖、雞蛋、麵粉使其結合。

打發奶油加入糖粉，再打發

分幾次加入糖粉，每次加入後都打發至融合。

打發至膨脹鬆軟

使其飽含空氣地打發，將奶油打發成膨脹鬆軟。

攪散雞蛋，並均勻地隔水加熱，保溫

全蛋邊隔水加熱，邊用叉子如打發般地攪打混拌。

 24

雞蛋分3次加入

加入保持溫熱全蛋液的半量，使其與奶油融合，混拌至產生光澤為止。

 21

使其結合成具光澤的乳霜狀

其餘的全蛋液再分成2次加入，每次加入後都確認產生光澤地融合。

 21

藉由加入溫熱的雞蛋或糖漬橙皮，使奶油慢慢地融入變軟，進而結合成滑順狀態。

加入了結合甜味的糖漬橙皮，混合拌勻
加入了隔水加熱的溫熱糖漬橙皮，混合均勻。

 27 29~31

移至較大的缽盆中
因為添加的糖漬橙皮是溫熱的，因此奶油會變軟，也能實際感受其結合。

邊再次過篩粉類，邊加入其中
混合大小不同粒子的粉類時，必須事前先過篩備用。

用刮刀切開般混拌
以刮刀如切開般混拌至奶油等材料與粉類完全整合為一。

混拌至產生光澤為止
待粉類消失後，以刮刀翻拌般地確實混拌至成為具彈性的麵糊。

 25 26

所以能烘烤出潤澤入口即化的蛋糕。
庫克洛夫模型是由中央開始受熱，

在預備好的庫克洛夫模型中撒上高筋麵粉

轉動模型般地使粉類均勻沾附在模型內，將模型在工作檯上倒扣以甩落多餘的粉類。

整合缽盆中的麵糊，以刮刀仔細舀起麵糊

用刮刀仔細地舀取麵糊時，單手傾斜缽盆，避免掉落。

 32

將麵糊放入庫克洛夫模型中

刮刀舀取的麵糊，從模型中央開始朝外側地填入。

平整表面，以180℃預熱的烤箱烘烤

平整麵糊表面後，由中央朝外側地提高麵糊（內低外圍稍高），可以使熱度均勻。

 22

從模型中取出置於網架上，趁熱刷塗上糖漿

烘烤完成後取出置於網架上，趁熱在全體表面刷塗糖漿。內側筒狀部分也要刷塗。[**我所下的工夫2**]

 28 29

巧克力大理石蛋糕

用巧克力製作出大理石紋。

麵糊與「含羞草蛋糕」同樣的製作方法，

在缽盆中放入甜巧克力和牛奶，隔水加熱使其融化

巧克力融化後停止隔水加熱，與牛奶充分混合拌勻，置於室溫中備用。

製作巧克力麵糊

以刮刀舀起製作完成的麵糊，放入巧克力的缽盆中，混合拌勻。

放回原來的缽盆中，製作出大理石紋，放入模型

用混拌的刮刀大動作混拌數次以形成大理石紋，將麵糊倒入鋪放好烤盤紙的模型中。

 32

麵糊中央凹陷地放入烘烤

模型長邊橫向放置，使兩邊平滑地略高。以180℃預熱的烤箱烘烤15分鐘，降溫至170℃再烘烤30分鐘。

 22 23

由模型中取出，趁熱刷塗白蘭地

烘烤完成後，置於網架上，剝除烤盤紙，不僅在表面連側面也大量刷塗。

 28 29

融化細砂糖使其焦糖化
在鍋中放入細砂糖和水，以中火融化，煮至水分消失形成深濃茶色的焦糖。

製作焦糖
待全體成為深濃茶色，氣泡浮出表面後，熄火，加入鮮奶油混拌，移至缽盆備用。

在較深的缽盆中放入全蛋並加入細砂糖使其溶化
全蛋與細砂糖混拌並隔水加熱，以攪拌器邊混拌邊使細砂糖融化。

停止隔水加熱，以手持電動攪拌機打發
待細砂糖融化後，停止隔水加熱，以手持電動攪拌機打發至膨脹鬆軟。

移至較大的缽盆中，加入焦糖
將材料移至較大的缽盆中，加入焦糖混合拌勻。

依序放入雞蛋、砂糖、麵粉、奶油使其結合。
卡特卡磅蛋糕是用融化奶油來製作。
用融化奶油製作

鹽味焦糖卡特卡磅蛋糕

藉由最後加入的融化奶油，讓奶油的香氣增添風味。

再次過篩半量的粉類至缽盆中，混拌

首先加入半量的粉類，以橡皮刮刀舀取般地混拌至粉類消失為止。

加入半量的融化奶油混拌

加入半量溫熱的融化奶油，使麵糊均勻仔細地混拌至產生光澤。
[我所下的工夫10]

 20

依序加入剩餘的粉類、剩餘的融化奶油

融化奶油混拌後，再次加入其餘的粉類和其餘的融化奶油，每次加入後都混拌至產生光澤。

將麵糊倒入預備好的海綿蛋糕模型中

將麵糊倒入在預備步驟時準備好的海綿蛋糕模型中，模型底部與內側鋪放烤盤紙，周圍的烤盤紙較模型高約3cm左右。

以170℃預熱的烤箱約烘烤50分鐘，以竹籤刺入確認烘烤程度

烘烤完成後，刷塗糖漿，降溫後再刷塗糖霜（glaçage），撒上鹽之花。[我所下的工夫7]

 28　54

糖煮葡萄乾
最後添加上混合了楓糖漿和蘭姆酒的

混合所有的材料製作酥頂（Crumble）

奶油中撒上粉類，以指尖搓揉成細粒，使其成為鬆散狀。

 55

加入糖煮葡萄乾混拌

麵糊與「鹽味焦糖卡特卡磅蛋糕」的製作方法相同，加入了用楓糖漿和蘭姆酒煮成的糖煮葡萄乾混拌。

以湯匙舀起麵糊，放入模型中

將紙模放置在瑪德蕾模型中，放入八分滿的麵糊。每個麵糊約45g。

 57

撒放酥頂和糖煮葡萄乾後，烘烤

將酥頂和裝飾用的糖煮葡萄乾撒放在全體表面，以170℃預熱的烤箱烘烤約25分鐘。

刷塗白蘭地，輕輕篩上糖粉

完成烘烤後，趁熱以刷子刷塗白蘭地，待降溫後，置於網架上，篩上裝飾的糖粉。

 28 29

鹽味焦糖卡特卡磅蛋糕

(直徑18cm的海綿蛋糕模型1個)

＊預備步驟

・在海綿蛋糕模型內側舖放烤盤紙，底部也舖放烤盤紙備用。
・粉類過篩備用。

＊焦糖

細砂糖………60g
水………20ml
鮮奶油………60ml

❶ 在鍋中放入細砂糖和水，以中火加熱，待砂糖融化並煮成深濃焦糖色時，熄火，加入鮮奶油混拌。

＊麵糊

全蛋………3個
細砂糖………180g
焦糖………120g（①完成的全量）
　低筋麵粉………180g
　泡打粉………1小匙
　鹽………1/2小匙
奶油………180g

❷ 在缽盆中放入奶油，隔水加熱備用。

❸ 在另一個較深的缽盆中放入全蛋攪散，加入細砂糖隔水加熱，使砂糖融化。

❹ 停止隔水加熱，以手持電動攪拌機打發至膨脹鬆軟後，移至較大的缽盆中，加入①焦糖混拌。

❺ 過篩半量的粉類至缽盆中，以橡皮刮刀混拌，加入②的融化奶油半量，混合拌勻。

❻ 過篩並加入剩餘的粉類混拌，再加入剩餘的融化奶油，混拌至麵糊產生光澤。

❼ 將麵糊倒入預備好的海綿蛋糕模型中，以170℃預熱的烤箱烘烤約50分鐘。

＊糖漿

水………100ml
細砂糖………100g
君度橙酒………30ml

❽ 在鍋中放入水和細砂糖，以中火加熱，煮至沸騰。冷卻後取30ml，加入君度橙酒混拌。

❾ 在⑦烘烤完成後，脫模取出置於網架上，趁熱以刷子刷塗糖漿。

＊糖霜（glaçage）

糖粉………110g
水………15ml
君度橙酒………15ml

＊其他

鹽之花………適量

❿ 將糖粉過篩至缽盆中，加入水和君度橙酒，以橡皮刮刀充分混拌，製作糖霜。

⓫ 在降溫的⑨表面，大量刷塗糖霜，趁表面尚未乾燥時，撒上鹽之花。

蘭姆葡萄乾瑪德蕾

（直徑7cm的瑪德蕾模型 12個）

＊**預備步驟**

· 將紙模裝入瑪德蕾模型中，以適當間距排放在烤盤上。

· 粉類過篩備用。

＊**酥頂（Crumble）**

杏仁粉………20g

低筋麵粉………20g

楓糖（maple sugar）………20g

奶油………20g

❶ 在缽盆中放入所有的材料混合拌勻，邊將粉類撒在奶油上，邊用指尖細細地揉搓，使其成為鬆散的碎粒狀。

＊**糖煮葡萄乾**（方便製作的分量）

水………200ml

細砂糖………100g

葡萄乾………500g

❷ 在鍋中放入水和細砂糖，以中火加熱至沸騰。加入葡萄乾，不時地混拌煮至葡萄乾變軟，以濾網撈起瀝乾水分。

＊**麵糊**

全蛋………2個

細砂糖………100g

低筋麵粉………120g

杏仁粉………40g

泡打粉………1小匙

鹽………1/4小匙

奶油………120g

糖煮葡萄乾………80g（取出裝飾用的20g，其餘切碎）

楓糖漿………15g

蘭姆酒………15ml

＊**其他**

白蘭地………50ml

糖粉………適量

❸ 在缽盆中放入奶油，隔水加熱。

❹ 在另外的缽盆中放入切碎的糖煮葡萄乾、楓糖漿、蘭姆酒混合，隔水加熱備用。

❺ 在較深的缽盆中，放入全蛋攪散，加入細砂糖隔水加熱至砂糖融化。停止隔水加熱，以手持電動攪拌機打發至膨脹鬆軟後，再移至較大的缽盆中。

❻ 過篩半量的粉類加入缽盆中，以橡皮刮刀混拌，再加入③半量的融化奶油，混拌。

❼ 過篩剩餘的粉類加入並混拌，再加入剩餘的融化奶油混合拌勻。

❽ 將④加入⑦當中，混拌成均勻的麵糊。

❾ 用湯匙舀起麵糊，放入預備好的瑪德蕾模型中至八分滿（約45g／個）。撒放上酥頂和糖煮葡萄乾（裝飾用），放入170℃的烤箱烘烤約25分鐘，烘烤完成後連同模型一起取出放置在網架上，用刷子刷塗白蘭地。降溫後，再輕輕篩上裝飾用糖粉。

潤澤滑順的蛋糕　製作方法Q&A

20 用融化奶油製作蛋糕時，
隔水加熱的溫度大約幾度比較好呢？

　　<u>請用沸騰的熱水進行隔水加熱</u>。之後再轉為極小火，盡可能以熱水來保持溫熱，但也請注意避免燙傷。以融化奶油製作的糕點，幾乎都是隔水加熱地溫熱奶油並保溫至最後才添加。而且，加入奶油後，與其他材料確實混合拌勻，使其融合非常重要。混拌過程中，必須要避免麵糊降溫地充分保持溫熱。

21 製作磅蛋糕時，雖然食譜常寫蛋液要分數次添加，但數次到底是幾次呢？蛋液全部加入後造成分離狀況時，有什麼樣的方法可以使其滑順地結合？

　　<u>請確實理解，奶油加熱後會變軟，也會變得容易連結</u>。而且很重要的是，蛋液用量超過奶油的瞬間，就會開始產生分離的狀況。若蛋液沒有隔水加熱地保持熱度，每次添加蛋液時就會產生

分離的狀況。最初加入半量充分溫熱的蛋液，之後再少量逐次地添加，就能容易地融合。剩餘用量則分2次添加，就能順利完成。蛋液全量加入後也不用擔心，接著加入的甜味材料盡可能地以隔水加熱，充分保持溫熱的狀態下進行混拌，就能順利地結合各種材料了。

 22 用磅蛋糕模型烘烤，麵糊入模後為什麼不是平整表面，而是使中央形成凹陷？

　長方形的磅蛋糕模型放入烤箱時，首先會從兩端（短邊）開始受熱，烘烤成形。在看不到的麵糊中央，尚未受熱的濃稠狀麵糊會從兩端向中央移動，因此若中央處較低，移動而來麵糊就不會溢流出來。

　以庫克洛夫模型烘烤時，也請依同樣的方法進行。庫克洛夫模型的中央呈圓筒狀，因此熱傳導佳，可以烘烤出潤澤口感，是我

個人很喜歡的烤模。中央筒狀與模型的深度相同，因此麵糊可以從模型外側開始烘烤出形狀，尚未烘烤到的麵糊會向中央移動，有可能進而埋入筒中，使得熱傳導也受到影響。所以在將麵糊放入模型後，使中央麵糊稍微凹陷，周圍較高就能解決這個狀況。

23 製作口感潤澤的磅蛋糕時，
有固定的烘烤方法嗎？

雖然有固定方法，但只要四項材料沒有分離地融合，製作而成的麵糊就能烘烤出潤澤的口感。此外，在烘烤時多下點工夫，放入烤箱後略加放置，麵糊表面就會開始呈現淡淡的烤色。這個時間點，將同樣的模型倒扣地覆蓋於其上，就可以使麵糊釋出的水蒸氣在其中循環受熱，如此可以烘烤出像蒸麵包般，具有彈力且潤澤的成品。

潤澤滑順的
蛋糕

24 製作磅蛋糕時，為什麼蛋液要隔水加熱呢？
溫熱蛋液時有哪些必須注意之處？

　　雞蛋中幾乎都是水分，冰冷的蛋液不容易與奶油融合，容易產生分離。以隔水加熱溫熱蛋液後，再混合奶油就可以利用熱度使奶油緩慢融入、變軟並相互結合，也會更容易結合後面添加的粉類。奶油和蛋液不呈現分離地結合成具光澤的狀態，就能確實地與粉類混拌，烘烤出的蛋糕也會是質地細緻、口感潤澤的成品。

　　裝著攪散蛋液的缽盆，以雙手緩緩地使其浮在熱水上。蛋液的缽盆拉向身體前方，用單手的手指使其恰好貼近裝有熱水的缽盆，輕輕撐住呈現安定狀態，再以叉子邊混拌邊隔水加熱。即使略略用力也沒有關係，雖然經常可見「加熱至人體肌膚溫度」的說法，但這樣的溫度在加入粉類前就會冷卻下來，因此最初加入的雞蛋，盡可能以較熱的狀態，即使是奶油會滋滋融化的程度也可以。奶油大半融化後會變得柔軟且具光澤，想像容易連結之最佳狀態來進行製作非常重要。

25 添加粉類後，要混拌到什麼程度才可以呢？
判斷標準為何？

　　若添加粉類之前是具有光澤的滑順狀態，則請盡可能確實地揉和混拌。混拌至 **麵糊呈現光澤**，成為具彈力的麵糊。混拌時會覺得神輕氣爽，我總是有想要一直持續的感覺。製作蛋糕時，每個製作過程都是有特別的原由，「為什麼這麼做？」是非常重要的，在不斷的製作練習中，就能漸漸理解、接受，同時也會更樂於嘗試。

 26 加入粉類之前，變成非常鬆散的狀態。
是否會影響完成的結果呢？

　　隔水加熱溫熱的蛋液，雖然有點過度鬆散的狀態，但只要奶油與蛋液混合後不呈現分離，就不會有什麼特別的問題。以融化奶油製作近似卡特卡磅蛋糕的糕點時，會更能感受到奶油的風味。

潤澤滑順的
蛋糕

在粉類添加後，經過一小段時間，一旦確實揉和混拌，就能回復原來的狀態，因此可以製作出口感極佳的糕點。

 27 磅蛋糕的配方中，有些除了砂糖之外，還有使用蜂蜜、麥芽糖、楓糖漿，會不會過甜呢？

　製作磅蛋糕時，使用蜂蜜等材料的目的，是為了避免分離，添加具有熱度且能黏著的材料，藉此為了加入全量的蛋液後，保持奶油軟化及混和後成為具有光澤的麵糊狀態。甜度雖然在較多水分中可以更容易感覺到，但在加入大量粉類的糕點時，糖類可發揮連結作用，應該感覺不到過度強烈的甜味。

 28 烘烤完成後刷塗洋酒或糖漿，是為了表現出潤澤感嗎？

　不僅僅這個原因，也有防止空氣中所含的細菌由表面滲透的效

果。烘烤、刷塗酒、刷塗高糖度的糖漿、使用大量奶油，這些都
有其作用。當然，使其更加潤澤，同時也有能品嚐到洋酒風味的
效果。

　　洋酒和水加入糖粉中溶化成的糖霜，也是同樣的效果，除了增
添風味的同時，也能呈現出不同於口感粗糙的潤澤蛋糕，更烘托
出美味。

潤澤滑順的
蛋糕

29 蛋糕等麵糊製作時，添加的洋酒與完成時添加在刷塗糖漿中的洋酒，是以什麼標準來決定的呢？有固定的組合嗎？

使用的是能活化風味、與材料相搭配的洋酒。例如，使用了柑橘類食材（柳橙、杏桃等）的蛋糕，會選用君度橙酒；使用葡萄乾的蛋糕，則會用蘭姆酒。除此之外，還有各式利口酒，但以柑橘類食材製作的糕點中，君度橙酒的運用範圍最為廣泛。

搭配食材時，又分為直接添加或混合使用，刷塗在烘烤完成的蛋糕時，混合高糖度的糖漿一起使用，可以緩和酒精的強度。

30 混入乾燥水果或糖漬果皮的麵糊，在烘烤完成時，會感覺質地粗糙，是混拌方法的問題嗎？

乾燥水果，盡可能切成細碎後再添加，如此就可以調整麵糊的質地。或是加入粉類後，混拌方式不足，使得麵糊中殘留多餘的

空氣，烘烤時形成粗糙的質地。因為粉類是粒子，所以邊過篩邊加入時，會將空氣一起帶入。混拌時，刮刀要如同排出空氣般地動作。

　　四種材料確實結合的麵糊，在烘烤時細小的氣泡會相互結合，因此加入的食材若也能呈現相同狀態，會在細小氣泡中結合為一，就能調整成質地細緻的糕點了。

31 烘烤水果蛋糕時，乾燥水果總是會沈積在底部；
又或是在表面裝飾杏桃、黑李等放入烤箱，
但總是很快就向下沈陷。應該要再多下點什麼
工夫呢？

乾燥水果沈積在底部，最重要的是混拌在麵糊中的乾燥水果，
要能使其與麵糊融合。因此乾燥水果要盡可能地切成細碎再添加；
若是大塊的乾燥水果，無法直接使用時，可以切半，在麵糊放入
烤箱烘烤10分鐘後，再擺放至表面即可。

也可以在烘烤完成後，表面刷塗鏡面果膠再進行裝飾。

32 磅蛋糕的麵糊由缽盆放入模型時，
會從刮刀上溢出
掉落，無法順利放入。要注意什麼重點呢？

慣用右手者以右手舀取麵糊，就像將麵糊擺放在右手掌上般，

就不會溢出掉落了。左手傾斜地拿著缽盆，將其中的麵糊置於右手掌的感覺（慣用左手者則反之），再停止右手的動作，麵糊不可思議地並不會溢出掉落，也可以乾淨俐落地填入模型中。

 33 蛋糕、糕點、磅蛋糕、奶油蛋糕，
無論哪一種都是使用奶油的潤澤型蛋糕嗎？

　　其實在日本，蛋糕的名稱，非常廣泛地用於所有的西式糕點。蛋糕與糕點具有相同的意思，或許以日語發音而言，聽起來可能是有點差異。例如：Quatre-quarts（キャトルカール和カトルカール），無論哪一種都同樣是以奶油製作的烘焙糕點，我個人比較喜好稱之為キャトルカール，故以此呈現。蛋糕、糕點、磅蛋糕、奶油蛋糕，都是以奶油為主要材料，烘烤出的糕點總稱。我是以蛋糕Cake稱之，本書當中也是如此使用。無論哪一種，都並非絕對，因此請選擇容易傳達自己意思的名稱即可。

潤澤滑順的
蛋糕

34 很喜歡用蛋白霜製作的糕點。法式巧克力蛋糕或以蛋白霜製作的卡特卡磅蛋糕，脫模剝除周圍的烤盤紙並略加放置後，常會攔腰塌陷，這是什麼原因呢？是否蛋白霜的打發方式有問題？

並不是麵糊的問題，不如說是製作成具光澤感的麵糊。<u>只要製作出具有支撐食材重量的強勁蛋白霜，就能夠形成漂亮的形狀</u>。

蛋白霜製作時建議準備較深的缽盆，利用手持電動攪拌機來進行步驟。打發的蛋白，只要停止動作就會產生分離狀況，用手持續打發太辛苦了，所以利用手持電動攪拌機，保持蛋白霜的氣泡一直攪拌的狀態，就能製作出質地細緻，具有光澤又確實打發的蛋白霜。

 35 用蛋白霜製作的卡特卡磅蛋糕，烘烤、脫模後一旦稍加放置，中央就會呈現凹陷狀，為什麼呢？

可以推論是蛋白霜的力量太弱，沒有足夠的力道支撐油脂較多的麵糊。油脂較多的麵糊，需要有細緻氣泡的蛋白霜確實地支撐，砂糖較多的蛋白霜組織強勁且安定。

　　另一個原因，有可能是烘烤不足。不僅是依照時間烘烤，以竹籤刺入確認烘烤程度，若有沾黏麵糊的情形，表示尚未完成烘烤，請多加注意。

潤澤滑順的
蛋糕

用蛋白霜製作鹽味焦糖卡特卡磅蛋糕

前面的製程中介紹過的鹽味焦糖卡特卡磅蛋糕，雖然是用全蛋製作的食譜，但若用分蛋的蛋白霜來製作，會更膨鬆柔軟，更深入以科學瞭解糕點製作的領域。

分2次加入的蛋白霜，各有其不同的意義。第1次的蛋白霜是加入大量粉類的時候，為防止粉類與水分結合產生麵筋組織。在製作糕點中，請記得每個步驟都是為了下一個步驟的準備。為了之後要加入的大量粉類（下個步驟），確實打發的蛋白霜（前一項步驟）移至大容器內。蛋白霜層包覆粉類，是為使麵筋組織直到最後都無法形成。而第2次添加蛋白霜，是為了確實支撐住大量粉類的麵糊，作用在於使其產生膨脹鬆軟的口感。如此終極地運用蛋白霜，我想法國人無法想像，也正因為在日本，才會有如此的配方。蛋白霜版的鹽味焦糖卡特卡磅蛋糕，請大家試著感受其中奧妙地製作看看。

鹽味焦糖卡特卡磅蛋糕（蛋白霜版）

（直徑 18cm 的海綿蛋糕模 1 個）

＊預備步驟

・在海綿蛋糕模型內側周圍鋪放烤盤
紙，底部也鋪放烤盤紙備用。

・粉類過篩備用。

＊焦糖

細砂糖………60g

水………20ml

鮮奶油………60ml

❶ 在鍋中放入細砂糖和水，以中火加
熱，待砂糖融化並煮成深濃焦糖色時熄
火，加入鮮奶油混拌。

＊麵糊

| 蛋黃………3 個

| 細砂糖………60g

焦糖………120g（①完成的全量）

| 蛋白………3 個

| 細砂糖………120g

| 低筋麵粉………180g

| 泡打粉………1 小匙

| 鹽………1/2 小匙

奶油………180g

❷ 在缽盆中放入奶油，隔水加熱備用。

❸ 在較大的缽盆中放入蛋黃攪散，加
入細砂糖，打發至顏色變白有沈重感。
加入①的焦糖，混合拌勻。

❹ 在較深的缽盆中放入蛋白，以手持
持電動攪拌機打發，細砂糖分2次加
入，製作成具有彈力的蛋白霜。

❺ 以攪拌器舀起1杓④的蛋白霜加入
③粗略混拌，過篩半量粉類至缽盆中，

以橡皮刮刀混合拌勻。

❻ 加入②的融化奶油半量，以橡皮刮
刀混拌，依序加入剩餘的粉類、奶油混
拌，最後加入剩餘的蛋白霜，混拌至麵
糊均勻。

❼ 將麵糊倒入預備好的海綿蛋糕模
型中，以170℃預熱的烤箱烘烤約50
分鐘。

＊糖漿

水………100ml

細砂糖………100g

君度橙酒………30ml

❽ 在鍋中放入水和細砂糖，以中火加
熱，煮至沸騰。冷卻後取30ml，加入
君度橙酒混拌。

❾ 在⑦烘烤完成後，脫模取出放置於
網架上，趁熱以刷子刷塗糖漿。

＊糖霜（glaçage）

糖粉………110g

水………15ml

君度橙酒………15ml

＊其他

鹽之花………適量

❿ 將糖粉過篩至缽盆中，加入水和君
度橙酒，以橡皮刮刀充分混拌，製作
糖霜。

⓫ 在降溫的⑨表面，大量刷塗糖霜，
趁表面尚未乾燥時，撒上鹽之花。

酥鬆爽脆
的塔

沒有邊緣的塔

　　塔，大家一般都會想到的是利用甜酥麵團（Pâte sucrée）製作成像盤皿般，具有高起邊緣的形狀。但有時也會覺得這個高起邊緣的塔很礙事。在此若是使用環形模，就可以無需塔緣，杏仁奶油餡直接接觸金屬框模，藉著確實的烘烤，就能成製作出噴香，同時具潤澤口感的塔，又是一道由失敗中孕育而成的美味。大口咬下時的印象完全改觀，不僅兼具優雅溫和的口感，底部的甜酥麵團更加酥脆，美味程度提升。酥鬆爽脆的塔皮，加上杏仁奶油餡所呈現輕盈潤澤的口感，更能品嚐出底部甜酥麵團的酥脆。

　　配合上層擺放的食材，調整杏仁奶油餡，更讓人樂在其中。我個人喜愛的塔是擺放上糖煮乾燥水果的「老奶奶塔」，這是由法國料理中得到的靈感製作而成。顏色各異的食材擺放在盤中，老奶奶風格（Grand-mère）的家庭料理，以塔的方式呈現。很適合搭配拌入切碎蘭姆葡萄乾的杏仁奶油餡，完成時再撒上炒香的芝

麻，就像在畫布上描繪出自己的設計一般，充滿樂趣。若能確實地完成基本的甜酥麵團和杏仁奶油餡，能從圓形塔皮上方欣賞，呈現出自己心目中想像的塔，試著做做看吧。

底座的甜酥麵團（Pâte sucrée）

空燒的甜酥麵團，就像餅乾一樣會有很多細小的孔洞，當然很容易吸附濕氣或氣味，進而導致爽脆的口感消失。例如，使用巧克力或覆盆子般具有強烈氣味的食材製成的慕斯等，僅僅是在冷藏室中相鄰，就會使氣味移轉。所以不要把塔放入冷藏室，置於室溫中趁美味時大快朵頤吧。

此外，製作甜酥麵團時，應該注意的是在奶油中加入糖粉混合，要避免多餘空氣進入地揉和混拌。再者，大量的麵粉具有結合雞蛋的作用，藉由確實揉和混拌，才能在烘烤時完成酥脆的口感。再填放杏仁奶油餡後烘烤，因此在烤箱早早被融化的奶油、砂糖，以及杏仁的美味，都可以完全被細小的空洞所吸收，進而

成為風味優雅、酥脆的塔。藉由甜酥麵團的空燒，更能增加風味的深度。

舖入底部的杏仁奶油餡

杏仁奶油餡與卡特卡磅蛋糕，同樣地是以四種材料等量製成，這樣的比例放諸四海皆同，但製作方法就是決定好壞的關鍵。杏仁奶油餡，是將卡特卡磅蛋糕的麵粉置換成杏仁粉，熟知材料的特徵，就能製作出想像中的糕點口感。在法國，製作方法就是將四種材料放入缽盆中混拌那麼簡單，即使如此，在法國嚐到時，完全能感覺得到其中的美味。但在高濕度的京都，即使用相同的製作方法，卻無法複製。大多的感覺是太甜、太油、口感沈重，因此我在這裡特別下了工夫！杏仁奶油餡也和磅蛋糕一樣，奶油和雞蛋結合呈現光澤後，再添加杏仁粉混拌烘烤，如此就能製作出因潤澤口感而衍生的柔和印象。

可以變化地增加風味，添加蘭姆葡萄乾或櫻桃果醬，若加入栗

子泥或白豆沙餡，除了增進潤澤感之外，還能添加鬆軟口感，做出彷彿品嚐著日式糕點般的塔。

組合變化

　　擺在塔上的乾燥水果或堅果，只要多一道工夫就能讓美味更升級。乾燥水果糖煮後會變軟，口感更好。堅果類則需要事前烘烤出香氣，更適合搭配杏仁粉製作的杏仁奶油餡。決定了擺放在表面的食材，自然就會浮現混拌至杏仁奶油餡內的食材。不斷地調整嚐試搭配組合，是製作塔最大的樂趣。混拌在杏仁奶油餡當中的食材，請盡可能切成細碎狀。烘烤完成的杏仁奶油餡會是質地細緻，與製作的糕點同樣潤澤柔軟。另外，因為堅果類是擺放在杏仁奶油餡表面一起烘烤，很容易會因此而無法烤出香氣，杏仁奶油餡烘烤時會釋放出水蒸氣，所以擺放在表面的堅果類必須要預先烘烤出香氣。沒有邊緣的杏仁奶油餡塔，切開後也能漂亮地呈現，因此製作出各種口味的塔，綜合盛盤也是一大樂事。

酥鬆爽脆
的塔

那麼，一起來製作吧！

鄉村蘋果塔

老奶奶塔　＊食譜在113頁

以環形模烘烤沒有邊緣的塔。

一口咬下的印象，口感優雅柔和。

感覺底部的甜酥麵團更酥脆，

美味再升級。

確實烘烤出塔皮酥鬆與脆口的特色，

絕對不能忘記混拌方式的重要性。

鄉村蘋果塔（直徑18cm的環形模 1個）

＊預備步驟

· 粉類過篩備用。

＊肉桂風味的酥頂

杏仁粉………30g

低筋麵粉………30g

肉桂粉………1小匙

三溫糖………30g

奶油………30g

❶ 在缽盆中放入所有的材料混合拌匀，邊將粉類撒在奶油上，邊用指尖細細地揉搓，使其成為鬆散的碎粒狀態。

＊蘋果醬（Marmalade）

蘋果………大型1個

細砂糖………20g

葡萄乾………30g

❷ 蘋果去皮去芯，切成16等分的月牙狀。放入缽盆中並加入細砂糖混拌。移至鍋中以中火加熱，煮至全部受熱後轉為小火，熬煮至收乾煮汁。加入葡萄乾混拌均匀。

＊甜酥麵團（方便製作的分量）

奶油………120g

糖粉………100g

全蛋………1/2個

香草油………適量

低筋麵粉………200g

❸ 在缽盆中放入室溫下回軟的奶油，分2次加入糖粉，以刮刀充分混拌。

❹ 加入蛋液和香草油混拌，移至較大的缽盆中。

❺ 過篩低筋麵粉至缽盆中，使材料確實結合，混拌至成團，包覆保鮮膜靜置

於冷藏室1小時以上。

❻ 將⑤放在撒有手粉的工作檯上，重新揉和，取180g的麵團用擀麵棍擀壓成3mm的厚度。放在舖有烤盤紙的烤盤上，以環形模按壓，除去多餘的麵團，刺出孔洞。連同環形模一起放入以180℃預熱的烤箱中，空燒約15分鐘，直接放置降溫。

＊杏仁奶油餡

奶油………60g

糖粉………60g

全蛋………1個

蘭姆酒………5ml

香草油………適量

杏仁粉………60g

低筋麵粉………10g

❼ 在缽盆中放入室溫下回軟的奶油，分數次加入糖粉，打發至膨脹鬆軟。

❽ 蛋液分2次添加混拌，以蘭姆酒和香草油增添風味。

❾ 過篩粉類至缽盆中，用刮刀切開般地混拌後，再確實攪動混拌。

＊其他

細砂糖………適量

糖粉………適量

❿ 在降溫後的⑥表面，平整地填入⑨的杏仁奶油餡。

⓫ 預留邊緣2cm，將②的蘋果全部鋪放在表面，接著再均匀放置①的酥頂，撒上細砂糖。以180℃預熱的烤箱烘烤約35分鐘。

⓬ 烘烤完成後除去環形模，降溫後輕輕篩上糖粉。

預備食材

可以享受乾燥水果或堅果等，風味變化的樂趣。

鄉村蘋果塔／老奶奶塔

[鄉村蘋果塔]

製作酥頂
等量的杏仁粉、低筋麵粉、三溫糖、奶油，添加肉桂粉混合拌勻。

完成肉桂風味的酥頂
邊將粉類撒在奶油上，邊用指尖細細地揉搓，使其成為鬆散的狀態。在塔表面撒放大量的酥頂，與糖煮蘋果最搭配的肉桂風味。

 55

製作蘋果醬（Marmalade）
切成月牙狀的蘋果中加入細砂糖，熬煮至水分收乾後，放入葡萄乾。

[老奶奶塔]

製作糖煮乾燥水果
乾燥杏桃、無花果、黑李用糖漿煮至柔軟，無花果對半切。在塔的表面擺放糖煮乾燥水果後，再將烤香的杏仁果或榛果埋放在乾燥水果的空隙中。[我所下的工夫7]

 58

1 麵糊（製作甜酥麵團）

作為塔基底的甜酥麵團，在混拌奶油和糖粉時

必須避免拌入多餘的空氣。

奶油呈軟膏狀後揉和混拌
將奶油放入缽盆內置於室溫下，混拌至柔軟並呈現光澤。

分2次加入糖粉
充分揉和成為軟膏狀奶油，分2次添加糖粉。

避免拌入多餘空氣地揉和混拌
每次都盡可能避免空氣進入地用刮刀混拌奶油和糖粉。

 39

加入蛋液和香草油
蛋液和香草油一起加入，用刮刀先以切拌方式混拌至均勻。

混拌後，移至較大的缽盆中
混拌至蛋液完全融合。要注意過度混拌會拌入多餘的空氣。

藉由確實混拌，製作出酥脆的口感。

大量麵粉的作用是為了結合蛋液，

過篩低筋麵粉並加入

大量的粉類，分成2次過篩加入，使其輕盈也更方便後續的步驟。

切開般混拌，使其鬆散

大量粉類均勻地與其他材料混合，充分切拌地使其呈鬆散狀。

少量逐次地壓拌麵團使其均勻

用刮刀少量逐次地按壓缽盆底部，使粉類消失地進行揉搓。

將麵團整合為一

確實連結地整合為一的麵團，也不再黏手了。

用保鮮膜包覆靜置於冷藏室

包覆麵團，按壓四個角落使空氣排出，將麵團整形成四角形，靜置於冷藏室1小時以上。

用環形模烘烤甜酥麵團。2度烘烤可以更強化風味。

2 整型（空燒甜酥麵團）

鄉村蘋果塔／老奶奶塔

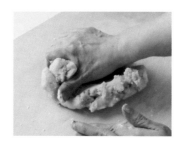

重新揉和靜置於冷藏室的麵團

將麵團放在撒有手粉的工作檯上，剝成小塊後再次整合，重新揉和至變軟為止。

取180g的麵團擀壓成3mm的厚度

重新揉和的麵團取180g，置於撒有手粉的工作檯上，擀壓成圓形。

以環形模按壓，並除去多餘的麵團

將麵團放在舖有烤盤紙的烤盤上，從上方按壓環形模，除去周圍多餘的麵團。

以叉子在全體刺出孔洞，放入烤箱

因熱度融化的奶油會使麵團浮起，所以盡可能地確實刺出孔洞。

烘烤完成後置於網架上冷卻

連同環形模一起放入以180℃預熱的烤箱中烘烤約15分鐘，取出直接放置冷卻。

 36

108

與蛋液結合成具光澤的狀態。

使奶油中飽含空氣，

3 製作奶油餡／杏仁奶油餡

在打發的奶油中加入糖粉

糖粉分數次加入，每次加入後都使其飽含空氣地打發成膨鬆狀。

 39

蛋液分2次添加

最初加入略多的蛋液，以攪拌器充分混拌，使其呈現光澤地結合就是製作的重點。

以蘭姆酒和香草油增添風味

一起加入剩餘的蛋液、蘭姆酒、香草油，混合拌勻。

過篩粉類並加入缽盆中

首先像切開般地混拌，使粉類與奶油均勻後，再揉和般混拌。

完成充滿光澤的奶油餡

用刮刀按壓缽盆底部般地揉搓，成為具有光澤的奶油餡。

在3處放入杏仁奶油餡

在空燒並冷卻後的塔底，放入杏仁奶油餡。

將杏仁奶油餡均勻推展至全體表面

用刮刀將奶油餡均勻地平整推展至全體表面。

以刮板平整表面

刮板的直角沿著環形模推平表面。與持刮板的手反方向地轉動烤盤，就能漂亮地完成。

 38

擺放蘋果醬（Marmalade）並推平至全體

蘋果醬擺放在中央，用叉子前端推平至全體。

擺放上大量的酥頂，再輕輕撒上細砂糖

大量地擺放肉桂風味的酥頂，輕輕撒上細砂糖，以180℃預熱的烤箱烘烤約35分鐘。

 37

烘烤出酥脆的美味。

擺放上最適合搭配蘋果的肉桂風味酥頂，

4 正式烘烤／組合烘烤

[鄉村蘋果塔]

和煮至柔軟乾燥水果的整體風味。

可以品嚐到添加蘭姆葡萄乾的奶油餡

4 正式烘烤／組合烘烤

[老奶奶塔]

加入切碎的蘭姆葡萄乾

完成的杏仁奶油餡中加入切至細碎的蘭姆葡萄乾，更具風味地完成奶油餡。

 47

完成添加蘭姆葡萄乾的杏仁奶油餡

用刮刀混拌至全體均勻，請注意避免過度混拌。

將添加蘭姆葡萄乾的杏仁奶油餡填入塔中

與「鄉村蘋果塔」同樣地完成填入的步驟。

色彩鮮艷地擺放糖煮乾燥水果

考量顏色及口感地均勻放置。

 45

在間隙處填放堅果

將烤出香氣的堅果埋入間隙中。如此一來杏仁奶油餡也不會浮出表面，能漂亮地完成烘烤。

 45 58

[鄉村蘋果塔]

烘烤完成後，脫去環形模

環形模趁熱脫除。戴上手指可動的工作手套，拉起除去環形模。

降溫後置於網架上，篩上糖粉

在仍有熱度時，底部的塔皮仍是柔軟未定型的狀態，所以待其冷卻後再移至網架上。

[老奶奶塔]

降溫後置於網架上，刷塗杏桃鏡面果膠

將鏡面果膠放入馬克杯中，以微波充分加熱至變軟後，用刷子仔細地刷塗。彷彿要埋入間隙般地，仔細刷塗會比較容易分切。

  53

撒上炒香的芝麻

在鏡面果膠未乾時，撒上炒香的芝麻。

鄉村蘋果塔／老奶奶塔

5 完成

完成後，脫去環形模，待其降溫後即可漂亮地享用了。

老奶奶塔 (直徑18cm的環形模 1個)

＊**預備步驟**

・粉類過篩備用。

＊**糖煮乾燥水果**

乾燥水果 (杏桃、無花果、黑李)

　　……… 約300g

細砂糖………100g

水………200ml

香草莢………1/2根

❶ 在鍋中放入細砂糖和水加熱，煮至沸騰後放入乾燥水果和連同香草莢的香草籽。不時地混拌煮至柔軟。離火，冷卻後以濾網瀝乾水分。

＊**蘭姆葡萄乾**

糖煮葡萄乾 (請參照「蘭姆葡萄乾瑪德蕾」82頁)………40g

蘭姆酒………15ml

❷ 缽盆中放入糖煮葡萄乾，加入蘭姆酒，覆蓋上保鮮膜靜置約30分鐘，切碎備用。

＊**甜酥麵團** (方便製作的分量)

奶油………120g

糖粉………100g

全蛋………1/2個

香草油………適量

低筋麵粉………200g

＊**與鄉村蘋果塔** (104頁) ❸～❻的製作方法相同。

＊**蘭姆葡萄乾的杏仁奶油餡**

奶油………60g

糖粉………60g

全蛋………1個

香草油………適量

｜杏仁粉………60g

｜低筋麵粉………10g

蘭姆葡萄乾………40g (②完成的全量)

❼ 在缽盆中放入在室溫下回軟的奶油，分數次加入糖粉，打發至膨脹鬆軟。

❽ 蛋液分2次添加，混拌，以香草油增添風味。

❾ 過篩粉類至缽盆中，用刮刀切開般地混拌後，再確實攪動混拌，加入②切碎的蘭姆葡萄乾混拌。

＊**其他**

堅果 (烘烤過的杏仁果、榛果)

　　……… 適量

杏桃鏡面果膠……… 適量

炒香的白芝麻……… 適量

❿ 在空燒降溫後的塔皮上，平整地填入⑨。

⓫ 將①的糖煮乾燥水果，色彩鮮艷地擺放在全體表面，間隙中放入烤香的堅果，以180℃預熱的烤箱烘烤約35分鐘。

⓬ 烘烤完成後除去環形模，降溫後刷塗杏桃鏡面果膠，撒上炒香的白芝麻。

酥鬆爽脆
的塔　　製作方法Q&A

36　甜酥麵團空燒時，因為還要烘烤第二次，
　　是否表面只要有淡淡的烤色即可？

　　即使是2度烘烤，但空燒時若沒有確實烘烤就很難達到酥脆的口感。特別是上面還會填入杏仁奶油餡，所以確實地烘烤非常重要。因為在烘烤杏仁奶油餡時，<u>材料的美味會和水分同時釋出，考慮到這個部分</u>，還是必須確實烘烤。雖然底部的表面會烘烤出較深的烤色，但用在具有大量奶油或堅果油脂的塔時，即使烘烤得略深，也不會感覺到苦味。

37　塔中央很難受熱，取出後略加放置就會收縮，
　　該在哪一方面下工夫呢？

　　熱度會透過金屬的環形模迅速地傳導，因此會從杏仁奶油餡的周圍開始凝固，水分往中央集中。即使周圍烘烤至散發香氣也無

需在意，至中央完全烤熟需要一點時間。為使全體均勻受熱，需要下點工夫，就像烘烤糕點般，可以在過程中覆蓋上相同大小的烤盤。利用封鎖住水蒸氣，使全體呈現蒸烤狀態，就能夠使熱氣均勻，烘烤成潤澤口感的成品。

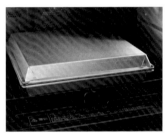

 38 要平整地舖放杏仁奶油餡有些困難，總是中央部分會如山般隆起，要如何才能使其平整？

放平刮刀，將置於中央的杏仁奶油餡推向邊緣，接著立起平放的刮刀，抵住材料的表面，輕輕地將材料集中至身體方向。此時，用單手將烤盤往反方向轉動，利用左右手的平衡，使奶油餡

不堆積在中央。請有意識地留意使邊緣較高，中央處較低，最後再使用刮板就能平整表面了。

 39 在製作甜酥麵團與杏仁奶油餡時，奶油要如何處理？各有什麼不同呢？

　　烘烤甜酥麵團時，因為會形成空洞，也容易吸收濕氣。因為酥脆容易崩壞，所以在奶油中混入糖粉，<u>避免混拌入多餘的空氣，不需打發地揉和混拌</u>。

　　反之，杏仁奶油餡的奶油，是<u>一邊添加糖粉，一邊使其飽含空氣地進行打發</u>，重要的是使其成為容易與後續添加的蛋液相結合的狀態，處理方式完全不同。

40 在甜酥麵團整形後，是否應該要如同派皮麵團般靜置於冷凍室呢？立即烘烤會導致收縮嗎？

甜酥麵團是在麵粉中混入奶油揉和的狀態，一旦烘烤時，奶油會有橫向擴散的作用，並不會有像派餅麵團般收縮的狀況。只是過度烘烤，也會有收縮的情況。藉由靜置於冷藏室或冷凍室，以方便後續步驟的進行。另外，不要忘了刺出孔洞以方便水蒸氣排出。

 41 杏仁奶油餡可以多做一些存放備用嗎？

置於冷藏室保存時，會使蛋液向下移動，開始形成分離的狀況。混拌於其中的材料，也會一點一滴地開始產生變化。若要冷藏保存，請在使用前先放置於室溫，之後充分混拌後再使用。雞蛋冷卻後容易產生分離狀態，建議盡可能將杏仁奶油餡填放至空燒後的塔皮上，再冷凍保存。

42 烘烤塔之後，烤盤墊上會滲出大量油脂，
為什麼呢？

　　製作杏仁奶油餡時，一旦奶油與蛋液分離，無論如何都會有油
脂釋出。杏仁奶油餡的粉類幾乎都是以杏仁磨成的粉，一旦加
熱就會與奶油同時釋出堅果的油脂。杏仁奶油餡的製程與蛋糕麵
糊相同，所以請在奶油與蛋液結合成光澤的狀態下，再添加杏
仁粉。

 43 像是法式鹹派或檸檬奶油餡等水分較多的蛋奶液
製作的塔，塔皮也可以使用甜酥麵團嗎？

　　甜酥麵團是以奶油揉和而成的麵團，所以烘烤完成的塔皮，
具有很多小孔洞，水份較多的蛋奶液會滲入其中，在烘烤凝固
前水分會再回到麵團上，造成不良的口感。比較適合使用非奶

油揉和的酥脆塔皮麵團（Pâte brisée）或折疊派皮麵團（Pâte feuilletée）。

44 擺放食材後烘烤的塔，會很難切分，
有可以漂亮切分的方法嗎？

　烘烤完成的塔刷塗鏡面果膠，盡可能仔細無遺漏地刷塗。待表面乾燥後，用浸泡熱水的小刀切分。將刀尖直立般地從塔的中央向外，呈放射狀地劃出材料和奶油餡的記號。之後，以刀刃抵住中央，沿著劃切線條插入刀子，由上往下按壓般地切下，就能漂亮地分切了。

45 烘烤塔時，杏仁奶油餡表面擺放的洋梨或栗子
都會沈陷，是何原因？

杏仁奶油餡很重要的是混拌粉類後，還要繼續確實揉和混拌。放入烤箱烘烤時，揉和整合過的材料會釋出水蒸氣，變成氣泡狀，因此擺放在表面的材料會沈陷。添加杏仁粉後，為排出多餘的空氣，確實揉和混拌，就可以避免食材沈陷地完成烘烤。

此外，在填入塔的杏仁奶油餡上擺放的糖煮水果或栗子，集中於同一個位置時會失去平衡，所以要均勻擺放，或是切碎地分布在全體表面才是訣竅。

 46 空燒的甜酥麵團，收縮成比環形模更小的成品，是麵團製作的問題嗎？或是烘烤的問題？這樣的情況還可以直接舖入杏仁奶油餡嗎？

應該是烘焙造成的收縮，但整型前的麵團－1號麵團（最初整型的麵團），和2號麵團是不同的。整型過程中混入了使用的手粉（高筋麵粉），因此成為2號麵團前經過幾次步驟，麵粉的用量

因而增加，每次揉和混拌都會產生麵筋組織，烘烤時也會因而產生收縮。當然，也有可能是因為過度烘烤而造成收縮，但確實烘烤至表面呈現出金黃色澤，較能引出香氣與風味。而且，表面會擺放杏仁奶油餡，在烘烤後也會成形，所以雖然會多少從環形模的間隙中流出，<u>但請不用擔心，連同收縮產生的間隙都一起填滿吧</u>。

 47 杏仁奶油餡中添加蘭姆葡萄乾混拌時，
突然變得鬆散水水的，是因為過度混拌嗎？

　　首先，請確實揉和混拌杏仁奶油餡後，再添加蘭姆葡萄乾。<u>此時也用刮刀揉和般使其混合</u>，並且將蘭姆葡萄乾盡可能切成細碎，以膏狀形態添加再揉和混拌。以切拌方式，或過度混拌，都很容易造成分離。

48 杏仁奶油餡的杏仁粉，
有添加麵粉的配方，與僅使用杏仁粉的配方，
會產生什麼不同？

　　奶油、砂糖、雞蛋、杏仁等量混拌而成的是杏仁奶油餡，杏仁
粉與麵粉不同，<u>烘烤時會有堅果的風味與濃郁香氣，但同時也會
釋出較多的油脂</u>。添加麵粉時，會吸收油脂並與其他材料結合，
烘烤成口感潤澤的成品。特別是夏天製作的塔，若感覺油脂太多
時，可以添加麵粉緩和口感。

Part 3

關於材料器具的
重點訣竅

我所下的
工夫

1 分開使用兩個缽盆

混拌奶油或乳化奶油時，需要小巧的缽盆方便動作，可以增加轉
數以達到打發效果，之後再移至較大的缽盆，以利添加粉類需要
大動作完成的步驟，如此就能完成理想的麵糊了。

2 相較於隔熱手套，工作手套更佳

從烤箱中取出烤盤、由模型中取出成品，建議使用工作手套。
重疊兩隻手套就不覺得燙，還能將完成的糕點完美地取出。更重
要的是手指可以自由動作。像隔熱手套很難取出的庫克洛夫模也
能輕鬆地取出。

3 庫克洛夫模的預備步驟

　　為了蛋糕能漂亮地脫模，所以會在模型中刷塗奶油，撒放粉類置於冷藏室備用。用刷子將乳霜狀的奶油仔細均勻地刷塗在模型的內側，連同模型表面都薄薄地刷塗，如此麵糊烘烤後就可以滑動般順利地取出。

4 關於布巾（拭巾）

　　在完備的環境中，自然會仔細地進行每一個動作，也能將糕點完美地呈現。經常準備好布巾（拭巾），製作的同時隨手保持清潔吧。

我所下的
工夫 10

奶油餡或粉類等白色髒污用白色布巾，製作巧克力類糕點時，使用茶色的布巾，如此區分，髒的布巾也不會太過明顯，心情也不會受影響。

此外，打發或混拌時，為避免缽盆的滑動，可以將擰乾的布巾墊放在缽盆底部。不僅可以止滑，同時也更省力。冬季等空氣較為冰冷時，濕布巾也會變冷，缽盆中的奶油一旦變冷就會變硬。此時，擰乾浸泡過熱水的布巾，墊放在缽盆底部就可以軟化奶油，更方便步驟的進行。

5 邊收拾工具、器具邊進行操作

操作過程中，為避免視野雜亂，收拾使用過的工具，也更能提高製作效率。

例如，製作糕點時，步驟是由在奶油中添加砂糖混拌開始，裝有雞蛋的容器、食材的容器、粉類的容器與加入後空下的容器

等，映入眼簾的道具越來越多，作業也會隨之雜亂。

在粉類添加後空下的容器中，放入裝過砂糖的容器，裝過雞蛋的容器中放入裝食材用的容器，將乾燥的容器與濡濕的容器分開疊放，也是仔細製作的重點。

攪拌器或刮刀等，在每次結束使用後，將髒污面朝下地放入裝有熱水的瓶中，邊清潔整理，邊進行步驟，應該就能完成理想的糕點。

6 與蛋白霜混合的砂糖

我個人大多使用上白糖，但提到加入蛋白霜的砂糖，一般會使用細砂糖。鬆散的狀態雖然容易添加，但在砂糖融化前就進行蛋白的打發步驟，會很難做出安定的蛋白霜。製作蛋白霜時，若使用上白糖和細砂糖1：1的混合砂糖，則容易添加、容易融化也不容易結塊。準備好具細砂糖和上白糖優點的混合砂糖，就非常方便了。

我所下的
工夫 10

7 糖漿分成2種區隔使用

　糖漿主要是刷塗在烘烤完成的成品上，可以賦予潤澤的口感，同時也能防止乾燥。我個人會區隔使用，在鬆軟輕盈的海綿蛋糕，或將乾燥水果煮軟時，會使用低糖度的糖漿A；刷塗在使用大量奶油的糕點時，則使用糖漿B。

　　　＊糖漿A　　水100ml　　細砂糖50g
　　　＊糖漿B　　水100ml　　細砂糖100g

8 活用鮮奶油（或甘那許鮮奶油） 打發的2個階段

我個人會區隔使用六分發和八分發。

　六分發，是以攪拌器舀起時，會呈現稠濃狀、沾黏在攪拌器，

但也會立刻垂落的狀態。慕斯或芭芭露亞就是使用這樣狀態的打發鮮奶油製作。

蛋糕卷的打發鮮奶油等，想要製作出漂亮形狀時，打發鮮奶油就要達到某個程度的硬度。也可以事先打發成六分發後放入冷藏室，使用前再打成八分發。

9 活用隔水加熱

烘烤糕點時，會著重在奶油和雞蛋的結合，但其實更重要的是首先預備隔水加熱的熱水，以提升濕度，並注意避免因抽風機和空調的風量，導致材料冷卻。為避免分離地將打發的奶油保持在鬆軟的狀態，接著加入的蛋液，也要下點工夫事先以隔水加熱溫熱攪散。

我所下的
工夫 10

10 奶油的預備

　　使用於製作磅蛋糕等的打發奶油，是將放置回復室溫的奶油，以手持電動攪拌機或桌上型攪拌機，打發成膨脹鬆軟的狀態，<u>裝入清潔容器等置於冷藏室備用</u>。因攪打飽含了空氣，因此無法長時間保存，但想要使用少量奶油時，可以及早放至室溫下，僅取需要的用量，就能經常享受製作糕點的樂趣了。

此外，事先預備好融化奶油使用，切成骰子狀的奶油丁，也會非常方便。例如1磅的奶油切成6等分的板狀，再將其直立切成4等分的棒狀。如此抽出1根就能有4個等分的骰子奶油丁，<u>每1顆骰子約是5公克</u>。蛋糕卷或戚風蛋糕的融化奶油，也可由此簡單計算出。

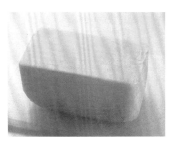

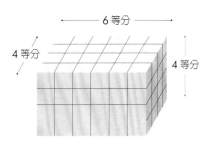

其　他　製作方法Q&A

 49 烘烤出潤澤口感的糕點，電烤箱或瓦斯烤箱
哪個比較適合呢？

　　雖說烘烤糕點時，烤箱下火的強度才是最重要，但通常家用烤箱無法調整上下火。瓦斯烤箱是使其產生水蒸氣，以熱風對流來烘烤，因此熱能流通較好；相較於電烤箱，還是瓦斯烤箱較佳。若是接下來有打算購買，請以此為參考。

 50 使用的是微波爐和烤箱合一的旋風烤箱，
但特別是在烘烤蛋糕卷的蛋糕體時，
表面可以烘烤得很漂亮，但不知是否下火太弱，
底部總是無法盡如人意。有沒有什麼方法可以
改善？

　　烘烤蛋糕卷的蛋糕體時，將擺放蛋糕卷的烤盤疊放在附件的烤盤上時，由下方散發的熱度會受到阻撓而火力不足。可以在烤箱

中放置高 4～5cm 的金屬網架，再疊放蛋糕卷的烤盤進行烘烤，如此一來，自上方的熱能可以流通至下方，藉由熱能使麵糊向上浮起，能烘烤出更接近向內捲起的理想蛋糕體。這個運用方式在其他烘烤糕點上，也很有效。

 51　以家用電烤箱烘烤糕點，無論如何都是內側會先燒焦，特別是烘烤蛋糕卷，無法表裡均勻地完成烘烤，會呈現斑駁的狀況。
要如何才能均勻烘烤呢？

蛋糕卷麵糊，是藉由高溫、短時間烘烤，使其殘留水分的舒芙蕾蛋糕體。在瞭解自家烤箱的狀況後，就必須進行溫度的調整。家用旋風烤箱是集中強烈熱能於一處，所以容易烤焦。首先烘烤數分鐘，待表面呈現烤色後，打開烤箱門，迅速地使其左右對調後烘烤數分鐘，均勻地呈色。請多試幾次，就能抓住烤箱的特徵了。

52 為了隨時能製作糕點，在冷藏室備有打發的奶油，長期保存也沒問題嗎？

　　奶油雖然是可較長時間保存的材料，但打發會帶入空氣中的細菌。想要在家常備時，請以500公克左右為可冷藏保存的用量標準，也要考量食用期限等，請盡可能及早使用完畢。此外，也請經常清潔保存容器。

其 他

53 想要軟化鏡面果膠時，會放入鍋中加熱使用，但立刻就形成薄膜、乾燥，而無法漂亮地刷塗。有什麼好方法嗎？

建議放入馬克杯加熱，將鏡面果膠放入馬克杯約七分滿，加入1大匙水充分攪拌。直接放入微波爐溫熱2～3分鐘。當溫熱至噗嗞噗嗞地出現氣泡，即可用刷子邊混拌，邊刷塗出漂亮的成品了。

54 很喜歡檸檬卡特卡磅蛋糕，所以經常製作。
也很喜歡澆淋在表面的糖霜。
除了使用檸檬汁和水混合之外，
還可以有什麼樣的組合？

　　糖霜的口感及其甜度，經常會勝過蛋糕或脆餅，更令人感覺到
「神秘魔法」般的美味，我也常心動於這樣的口感。在糖粉中混合
洋酒或水，混和混拌至呈現光澤就能完成，不僅用於大量使用奶
油的糕點，澆淋在海綿蛋糕上也非常美味。

　　適合搭配的，還有用於柳橙蛋糕的「君度橙酒＋水」、蘭姆葡萄
乾蛋糕的「蘭姆酒＋水」、蘋果蛋糕的「蘋果白蘭地＋水」等各式
變化，請享受自由發揮的樂趣。

55 想要知道酥頂的種類和材料變化組合，
有哪些素材可以考慮加入呢？

　　基本上，<u>是混合等量的杏仁粉＋麵粉＋砂糖＋奶油製作而成。</u>
酥頂烘烤後會產生酥脆的口感，為塔或糕點增添口感的變化，提
升糕點食用的樂趣。增加會存留形狀的麵粉或杏仁粉的用量，則
會在外形上產生變化，若增加美味材料奶油或砂糖的用量，則風
味會更濃郁。

　　此外，改變砂糖的種類，或添加粉末狀的咖啡、肉桂等，能享
受不同的香氣及風味的變化，請大家都試試看。

 56 烘烤壓模製作的砂布列酥餅（Sablée）時，
烘烤完成中央經常是膨脹的狀態。
要像甜酥麵團一樣用叉子刺出孔洞嗎？
若想要做出沒有孔洞的餅乾該怎麼辦？

在烤箱中因熱度而釋出的奶油，會蓄積在麵團的底部，通過烤盤紙流出的奶油在產生水蒸氣時，會將麵團拱起。以這個觀點來看，刺出孔洞會有效果，可在反面刺出孔洞，再翻回正面排在烤盤上，就可以緩和烘焙時的隆起。

或是使用具有網眼的矽膠墊，如此融化的奶油不會蓄積在麵團底部，藉由網眼流出，就可以烘烤出平整的成品了。

57 製作杯子蛋糕時，將麵糊分別填入模型，使用湯匙、湯杓或裝入擠花袋絞擠，到底哪一種方法好呢？

像磅蛋糕般用打發奶油製作的麵糊，可以確實整合成團的時候，放入擠花袋絞擠比較能漂亮地填入杯中。

若是以融化奶油製作的卡特卡磅蛋糕麵糊，是會流動的柔軟麵糊，此時則請使用湯匙或湯杓。無論哪一種都是可行的方法。

其他

58 請教烘烤堅果時必須注意的重點和烘烤後的
保存方法？

烘烤前堅果可以放入真空密封袋，保存在陰涼之處，烘烤後堅
果就容易劣化。<u>請每次烘烤需要的用量，才能嚐到烘烤的香氣。</u>
若有剩餘時，則冷凍保存並盡可能迅速地食用完畢。

若需要準備很多堅果時，我想大部分的人會使用烤箱烘烤，但
少量時，以平底鍋或小烤箱也很方便，但請務必注意不要燒焦。

 59 金屬製的烘烤模型比較好嗎？矽膠製模型在清潔
保管上很簡單，兩者有什麼不同？

烘烤糕點的醍醐味就是因焦化產生。焦化，就是水分幾乎消失
的狀態下，呈現出的烘烤色澤，同時也會散發出香氣。矽膠的模

型雖然方便，但因具有阻斷熱度的作用，因此想要製作出香氣十足的糕點時，還是建議使用金屬製模型。

製作一口可食的小型烘烤餅乾或糖果（petit four），利用表面的熱度就能充分達到烘烤效果時，使用矽膠製模型就非常方便。

 60 製作糕點時，不知為什麼總是十分緊張，只有我這樣嗎？

不，我想大家都一樣的。與不認識的人見面、許久不見的朋友…等，都會特別緊張。我想應該跟這個原理相同。

從瞭解食材的特徵開始，到熟記「用科學方式瞭解糕點製作的為什麼」，當確切理解自己接下來應該要如何進行，自然能緩減緊張，也能樂在其中。請大家務必做出更多令人感到幸福的糕點吧。

其他

後記

　這應該就是將自己至今所習得的知識，再次整理、重新審視的時機吧。請試著先將研讀所得的知識暫存在左腦；將製作糕點時感受到的心情，記憶在右腦，那些愉快、時光、顏色、香氣…各式各樣的美好感受。

　試著從今天開始，更加珍視自己的任性想法吧。不要想著別人怎麼說，所以自己就必須這麼做，試著依自己的想法來過自己的人生。相信自己，藉著許多經驗，人生改以主動語態（Active voice）前行。我個人覺得沒有什麼事，比被動更無趣。即使再多的忍耐，都會流露出自己內心最真切的想法。手作糕點是最誠實的，可以反映出您的人生。當心中暢快輕盈時，一定也能溫和地對待別人，烘烤出幸福的糕點。

系列名稱／EASY COOK
書名／用科學方式瞭解糕點的為什麼－實作篇
作者／津田陽子
出版者／大境文化事業有限公司
發行人／趙天德
總編輯／車東蔚
翻譯／胡家齊
文 編・校 對／編輯部
美編／R.C. Work Shop
地址／台北市雨聲街77號1樓
TEL ／(02)2838-7996
FAX／(02)2836-0028
初版日期／2020年3月
定價／新台幣370元
ISBN／9789869814218
書號／E116
讀者專線／(02)2836-0069
www.ecook.com.tw
E-mail／service@ecook.com.tw
劃撥帳號／19260956 大境文化事業有限公司

日本語版發行人　大沼淳
書本設計　若山嘉代子 L'espace
攝影　下村亮人
校閱　山脇節子
文　柏木由紀
編輯　成川加名予
　　　浅井香織 (文化出版局)

國家圖書館出版品預行編目資料
用科學方式瞭解糕點的為什麼－實作篇
津田陽子 著；
-- 初版 .-- 臺北市
大境文化，2020[109] 144面；15.5×21.5公分.
（EASY COOK：E116）
ISBN／9789869814218
1.點心食譜
427.16 　 108020041

OKASHI NO KAGAKU: GUTTO OISHIKUSURU, KANJIRU CHIKARA! by Yoko Tsuda
Copyright © 2019 Yoko Tsuda / EDUCATIONAL FOUNDATION BUNKA GAKUEN
BUNKA PUBLISHING BUREAU
All rights reserved.
Original Japanese edition published by EDUCATIONAL FOUNDATION BUNKA GAKUEN
BUNKA PUBLISHING BUREAU.
This Complex Chinese edition is published by arrangement with EDUCATIONAL FOUNDATION BUNKA
GAKUEN BUNKA PUBLISHING BUREAU, Tokyo in care of Tuttle-Mori Agency, Inc., Tokyo.

請連結至以下表
單填寫讀者回
函，將不定期的
收到優惠通知。

本書的照片、截圖以及內容嚴禁擅自轉載。
本書的影印、掃瞄、數位化等擅自複製，除去著作權法上之例外，皆嚴格禁止。
Printed in Taiwan　委託業者等第三者進行本書之掃瞄或數位化等，即使是個人或家庭內使用，也視作違反著作權法。